DIE
ÖDEMKRANKHEIT

VON

PROF. DR. **A. SCHITTENHELM** UND PROF. DR. **H. SCHLECHT**

DIREKTOR · OBERARZT

DER MEDIZINISCHEN KLINIK DER UNIVERSITÄT KIEL

MIT 46 TEXTABBILDUNGEN

Springer-Verlag Berlin Heidelberg GmbH

1919

Sonderabdruck aus der
Zeitschrift für die gesamte experimentelle Medizin
Neunter Band, erstes bis drittes Heft

ISBN 978-3-662-42235-9   ISBN 978-3-662-42504-6 (eBook)
DOI 10.1007/978-3-662-42504-6

Vorwort.

Nachstehende Untersuchungen sind zum größten Teil bereits im Winter 1916/17 abgeschlossen worden. Ihre Veröffentlichung wurde aber seinerzeit von der militärärztlichen Zensur nicht erlaubt. Einen kurzen Auszug haben wir im April 1917 als Manuskript drucken lassen. Inzwischen haben wir noch eine Reihe ergänzender Untersuchungen angestellt. Eine ausführliche Bearbeitung der Ödemkrankheit dürfte leider noch längere Zeit allgemeines Interesse beanspruchen, da die große Unterernährung, in der unser Volk durch die Hungerblockade der Entente gehalten wird, zunächst noch das Auftreten der Ödemkrankheit da und dort erwarten läßt.

Im Mai 1919.

A. Schittenhelm, H. Schlecht.

Inhaltsverzeichnis.

I. Klinik und pathologische Anatomie der Ödemkrankheit.

Der Krieg hat uns erneut mit dem Krankheitsbilde der Ödemkrankheit bekannt gemacht, das in früheren Feldzügen, namentlich den napoleonischen (Kollreuter) bereits häufig beobachtet wurde. Genauere Angaben über die ältere Literatur finden sich bei Sticker[1].

Während zunächst das Bild der Ödemkrankheit nur in Gefangenlagern [Rumpel[2], Jürgens[3]] gesehen wurde, wird neuerdings auch über ihr Auftreten in der deutschen Zivilbevölkerung [Maase und Zondeck[4], Gerhartz[5], Lange[6]] berichtet. Besonders eingehend hat sich Schiff[7] damit beschäftigt, der zahlenmäßige Angaben über die Ausbreitung der Ödemkrankheit in den verschiedenen Kronländern Österreichs bringt.

Wir hatten in den letzten Jahren Gelegenheit, eine große Anzahl (mehrere hundert Fälle) einschlägiger Krankheitszustände zu studieren und eingehende Untersuchungen darüber anzustellen, über die wir im folgenden berichten[8]. Die Veröffentlichung der zumeist im Winter 1916/17 im Felde ausgeführten Untersuchungen zog sich wegen Zensurschwierigkeiten bis jetzt hinaus.

---

[1] Sticker, Erkältungskrankheiten und Kälteschäden. Springer, Berlin 1916.

[2] Rumpel, Münch. med. Wochenschr. 1915, Nr. 30. — Derselbe, Berl. klin. Wochenschr. 1916, Nr. 18. — Derselbe u. Knack, Deutsche med. Wochenschrift 1916, Nr. 44.

[3] Jürgens, Berl. klin. Wochenschr. 1916, Nr. 9. — Knack, Wiener klin. Wochenschr. 1916, Nr. 32.

[4] Maase u. Zondeck, Deutsche med. Wochenschr. 1917, Nr. 16.

[5] Gerhartz, Deutsche med. Wochenschr. 1917, Nr. 17.

[6] Lange, Deutsche med. Wochenschr. 1917, Nr. 28.

[7] Schiff, Wiener med. Wochenschr. 1917, Nr. 22 u. Nr. 48.

[8] Siehe auch Schittenhelm u. Schlecht, Über Ödemkrankheit mit hypotonischer Bradykardie. Als Manuskript gedruckt. Baranowitschier Kriegszeitung April 1917 u. Berl. klin. Wochenschr. 1918, Nr. 48.

1. Klinischer Verlauf.

Unsere Kranken standen im 19.—33. Lebensjahre, die überwiegende Mehrzahl war im dritten Dezennium. Sie entstammten den verschiedensten Gegenden und gehörten im bürgerlichen Leben den verschiedensten Berufen an; allerdings war der Bauerstand überwiegend vertreten. Sie waren im Eisenbahnbau, in der Forst- und Landwirtschaft beschäftigt gewesen. Die Arbeitsanforderungen waren durchweg große. Dazu kam, daß in der Zeit besonders gehäufter Erkrankungen (Ende Dezember 1916 bis Anfang April 1917) eine ungewöhnlich große Kälte (bis unter 30—33° C) herrschte. Ihre Bekleidung war häufig der niederen Temperatur nicht angepaßt.

Besondere hereditäre Momente konnten nicht festgestellt werden, auch waren nur selten Kinderkrankheiten zu eruieren. Von vorausgegangenen, zum Teil während des Krieges akquirierten Infektionskrankheiten wurden Fleckfieber, Malaria, Ruhr, Recurrens verzeichnet. Jedoch lagen diese Erkrankungen stets so weit zurück, daß irgendein Zusammenhang mit der jetzigen Erkrankung nicht angenommen werden konnte. Einige Male erhielten wir die Auskunft, daß die Patienten ihre jetzige Krankheit schon früher im bürgerlichen Leben oder auch im Kriege einmal gehabt haben. Über die Ursache der jetzigen Erkrankung konnten die Leute keine Angaben machen.

Über das Auftreten der Ödeme waren die Angaben ziemlich einheitlich. Sie traten meistens ziemlich plötzlich auf, in der Regel beginnend an den Beinen, öfter aber auch im Gesicht, vornehmlich in der Umgebung der Augen. Viele Patienten hatten trotz leichter Ödeme weitergearbeitet und gaben an, daß die Schwellung von selbst verschwand und zu anderen Zeiten wiederauftrat. Die geringen Ödeme belästigten die Leute häufig so wenig, daß sie wegen dieser allein sich nur krank meldeten, wenn sie höhere Grade erreichten. Neben den Ödemen gingen aber bei dem größeren Teil der Leute andere Beschwerden einher. Ziemlich regelmäßig wurden Schmerzen in den Beinen, namentlich in den Unterschenkeln und hier wiederum in der Wadengegend, angegeben. Die Schienbeine waren fast immer schmerzfrei. Einige klagten auch über Schmerzen in anderen Gliedern. Häufig war die Klage über Kopfschmerzen. Fast alle Patienten, die ins Lazarett kamen, berichteten über allgemeine Körperschwäche und Müdigkeit in den Beinen. Das Sensorium war immer frei. Der Schlaf war meist gut. Fieber wurde nie angegeben, auch fehlten Klagen über Störungen von seiten des Herzens immer. Dagegen hatte etwa die Hälfte der Kranken Husten und etwas Auswurf, keine besondere Dyspnöe. Der Appetit war in der Regel nicht gestört, nie Erbrechen, nie Leibschmerzen. Dagegen gaben einzelne an, Durchfälle zu haben, während bei dem größeren Teil der Stuhl regelmäßig oder sogar obstipiert war. Die Durchfälle traten nicht selten vor dem Beginn der Ödeme ein, bei anderen wieder erst mit denselben. Fast alle Patienten gaben an, daß sie oft und viel Urin entleeren müßten, besonders in der Nacht. Bei anderen mit stärkeren Schwellungen, war die Urinentleerung vermindert. Einzelne klagten über Nachtblindheit.

Die objektive Untersuchung ergibt als augenfälligsten Befund die ödematösen Schwellungen. Viele Kranke sehen auf den ersten Anblick wie Nephritiker oder dekompensierte Vitien aus. Die Augen sind verschwollen, das Gesicht ist mehr oder weniger ödematös, die Beine, besonders die Knöchelgegend und die Unterschenkel, sind zum Teil hochgradig verdickt. Bei den schweren Fällen besteht Ödem der Oberschenkel, des Scrotums, des Penis, des Rückens, besonders in den unteren Partien, und auch der Bauchdecken, seltener ist auch die Brust betroffen. Mitunter sind auch die Hände ödematös. In einem kleinen Teil der Fälle findet sich ein Ascites, der eben nachweisbar ist. Einzelne haben aber auch hochgradige Ergüsse in die Bauchhöhle. Hydrothorax war nur selten nachzuweisen, Hydroperikard nie.

Sobald die Kranken ins Bett gelegt werden, verschwinden die Ödeme ohne besonderen therapeutischen Eingriff sehr rasch von selbst unter Anstieg der Urinmenge, zuweilen auch unter Auftreten von Durchfällen, die nach wenigen Tagen wieder sistieren. Sobald die Leute frühzeitig aufstehen oder gar wieder in die Arbeit geschickt werden, stellt sich die Schwellung schnell wieder ein.

Der allgemeine Ernährungszustand ist bei unseren Patienten fast durchweg stark herabgesetzt. Die Wasseransammlung kann anfänglich einen besseren Ernährungszustand vortäuschen, nach Abgang des Wassers aber zeigt sich die Haut schlaff, dünn und trocken und läßt sich in großen Falten abheben. Die Fettschicht des Unterhautzellgewebes fehlt vollkommen. Die Muskulatur ist bei den einen exquisit atrophisch, bei den anderen zeigt sie noch eine leidliche Beschaffenheit. Der allgemeine Kräftezustand entspricht dem Grade der Ernährungsstörung; in den schwersten Fällen können sich die Leute kaum mehr auf den Beinen halten. Am Thorax sieht man fast stets sämtliche Rippen unter der Haut scharf abgezeichnet, und auch die Clavikeln springen deutlich vor.

Exantheme sind nie vorhanden, dagegen findet sich nicht selten eine ausgebreitete Furunculose. Die sichtbaren Schleimhäute sind bei einzelnen blaß, bei den meisten normal injiziert. Besondere Lymphdrüsenschwellung ist nicht zu verzeichnen.

Die Lungengrenzen sind im Durchschnitt normal, bei einem Teil

besteht Emphysem. Die Verschieblichkeit ist gut. Der Klopfschall ist überall sonor, das Atemgeräusch vesiculär, häufig verschärft und verlängert. In vielen Fällen finden sich mehr oder weniger
die Anzeichen einer diffusen Bronchitis. Die Atmung selbst ist
nicht beschleunigt. Der Auswurf ist an Menge gering, in leichteren
Fällen rein schleimig, in schwereren schleimig-eitrig. Die mikrosko-
pische Untersuchung ergibt nichts Besonderes. Die oberen Luftwege
sind frei von Veränderungen. Auch die Röntgenuntersuchung der
Lungen ergibt nichts Besonderes.

Das Herz zeigt bis auf ganz seltene Ausnahmen bei der Perkussion
keine Vergrößerung. Nur ganz vereinzelt findet sich einmal eine Ver-
breiterung des Herzens nach rechts oder nach links, niemals höheren
Grades. In diesen Fällen besteht gleichzeitig eine hochgradige und
hartnäckige Bronchitis. Auch die Kontrolle mittels der Röntgendurch-
leuchtung ergibt das Fehlen einer Herzvergrößerung, vielmehr stellt
sich die Herzfigur eher als abnorm klein dar. Der Spitzenstoß ist
häufig schlecht zu fühlen, nie verstärkt oder hebend. Die Herztöne
sind durchweg rein, gelegentlich ein akzidentelles Geräusch. Die
Herzaktion ist fast immer regelmäßig, nur in einzelnen Fällen leicht
irregulär. Der Puls ist meist klein und weich, die Pulsfrequenz
durchweg verlangsamt; oft finden sich Werte von 30—40 Pulsen,
die Mehrzahl hält sich zwischen 40—50 Schlägen in der Minute. Unter
unseren Fällen sind überhaupt nur 9,2%, bei denen die Pulsfrequenz
über 60 Schläge betrug. Die Pulsverlangsamung ist aber nur ausgesprochen zu finden, wenn die Leute im Bett liegen. Sobald sie herum-
gehen oder 10—15 Kniebeugen gemacht haben, erhöht sich die Pulszahl; gleichzeitig wird der Puls manchmal irregulär. Dagegen sahen
wir häufig, daß bei Hinzutreten von Fieber infolge Bronchitis, bronchopneumonischen Herden der Puls nicht entsprechend dem Fieber anstieg, sondern verlangsamt blieb. Das Arterienrohr ist weich.

Der Blutdruck ist fast durchweg mehr oder weniger herabgesetzt.
Die niedrigsten Werte sind 50/70 mm Hg (nach Riva-Rocci). Normale Druckwerte kommen auch vor, aber nur in geringer Zahl, übernormale ganz vereinzelt. Der Blutdruck ändert sich bei Körperbewe-
gungen und außerhalb des Bettes nicht wesentlich. Wir haben zahlreiche
Leute getroffen, die bei herabgesetztem Blutdruck weiterar-
beiteten. (Spezielle Untersuchungen an den Kreislauforganen siehe
weiter unten.)

An den Bauchorganen läßt sich mit Ausnahme des Ascites kein
krankhafter Befund feststellen. Milz und Leber sind nicht vergrößert,
nicht schmerzhaft. Nirgends Druckempfindlichkeit, keine Darmspas-
men. Die Zunge ist nicht belegt. Die Stuhlentleerung ist in der
Regel normal, gelegentlich bestehen hellgelbe dünne Stühle ohne

Schleim und ohne Blutbeimengungen. Die bakteriologische Untersuchung ist völlig negativ. Nur in einem Falle bestanden zu Beginn starke blutige Durchfälle, die Verdacht auf Ruhr erweckten. Bakteriologisch ergab sich ein negativer Befund. Der weitere Verlauf zeigte, daß es sich um eine typische Ödemkrankheit handelte.

Der Urin ist in manchen schweren Fällen bei der Aufnahme vermindert bei relativ niedrigem spezifischen Gewicht (z. B. Fall 6 u. 9). Sobald die Ödemausscheidung in Gang kommt, ist die Urinmenge erheblich vermehrt bis zu 7 Liter bei relativ hohem spezifischem Gewicht. Die Farbe ist dann hellgelb. Eiweiß oder Zucker sind nie vorhanden, ebensowenig finden sich pathologische Veränderungen im Sediment. Aceton und Acetessigsäure sind nicht nachweisbar. In den meisten Fällen ist die Urinausscheidung von vornherein sehr hoch, das spezifische Gewicht aber nicht entsprechend niedrig.

Auf die Untersuchung des Blutes werden wir später eingehend zurückkommen.

Am Nervensystem konnten wir keine einheitlichen Veränderungen feststellen. Die Reflexe waren in den meisten Fällen gut auszulösen, in einem kleinen Teil die Patellarreflexe abgeschwächt, bei einzelnen fehlten sie. Hin und wieder fanden sich leichte Hyperalgesien an den Unterschenkeln, an den unteren Thoraxpartien und am Rumpfe. Jedoch war das keineswegs konstant. Hin und wieder schien sogar eher eine Herabsetzung vorzuliegen. Das Gefühl für feinere Berührung war immer normal. Die Tiefensensibilität war intakt, Romberg war negativ. Parästhesien waren nie vorhanden, ebensowenig ataktische Symptome. Öfter bestand Druckempfindlichkeit der Unterschenkelnerven und der Wadenmuskulatur. Das Lasséguesche Symptom war immer negativ. Ein Teil der Kranken hatte ausgesprochene Nachtblindheit, die viele Wochen bestehen blieb.

Die Körpertemperatur war bei den unkomplizierten Fällen bei Bettruhe meist normal, doch konnten bei der Aufnahme nicht selten unternormale Temperaturen festgestellt werden (bis zu 35°).

Bei den unkomplizierten Fällen war der Verlauf ein sehr langwieriger. Wenn die Leute auch relativ schnell ihre Ödeme verloren, so bestanden doch die Symptome der allgemeinen Körperschwäche und die Neigung zu Ödemen wochen- und monatelang weiter. Wir haben Fälle gesehen, die nach zwei- bis dreimonatiger Lazarettbehandlung zur Arbeit entlassen wurden und schon nach wenigen Tagen sich erneut wieder mit Ödemen krank meldeten. Vereinzelt kamen ganz plötzliche Todesfälle vor, ohne daß die Leute vorher irgendwie geklagt hätten.

Komplikationen kommen vor, und zwar besonders von seiten der Lungen. Wir haben die häufigen Bronchitiden bereits erwähnt.

Nicht selten trifft man bronchopneumonische Herde, manchmal auch ausgesprochene lobäre Pneumonien, die dann häufig zur Todesursache werden. Sie wurden auch bei den Fällen mit plötzlichem Tode öfter bei der Autopsie festgestellt. Dabei ist bemerkenswert, daß die Leute mit diesen pneumonischen Erscheinungen über keine besonderen Beschwerden klagten, und daß auch die Temperatur häufig so gut wie gar keinen Anstieg zeigte. Bei einem kleinen Teil der Fälle findet man als Komplikation Lungen- oder Drüsentuberkulose, die dann in der Regel einen sehr schnellen Verlauf nimmt, so daß die Kranken schon nach wenigen Wochen oder Monaten ad exitum kommen. Nur in einem Falle fand sich autoptisch eine typische Dickdarmruhr. Sonstige Infektionskrankheiten konnten nie festgestellt werden.

Die verminderte Resistenz gegen Infekte zeigt sich besonders bei Affektionen der Haut und des Unterhautzellgewebes. Recht häufig finden sich ausgebreitete Furunculose, Karbunkel und Phlegmonen. Besonders bei den letzteren sieht man ein sehr rasches Weiterschreiten und Neigung zu Gangrän, wenn nicht sofort energische chirurgische Eingriffe vorgenommen werden. Auch die Heilung von operativen und zufälligen Wunden ist sehr verzögert und erfolgt meist erst per secundam.

Wir geben als Beispiele die ausführlichen Krankengeschichten einiger Ödemkranker im Anhang.

Über die Ödemkrankheit ist in den letzten Jahren von verschiedenen Seiten berichtet worden. Von allen Untersuchern wird die Kombination von Ödemen, Polyurie und Bradykardie hervorgehoben [Rumpel und Knack (l. c.), Knack und Neumann (l. c.), Maase und Zondeck (l. c.), Gerhartz (l. c.), Hülse[1]), Lippmann[2]), Jansen[3]), Schiff (l. c.)]. In der Regel wird auch angeführt, daß die Kranken stark abgemagert waren und über Müdigkeit und Körperschwäche klagten. Wie wir, so haben auch Rumpel und Knack, Lippmann, Jansen, Hülse bei ihren Fällen Herabsetzung des Blutdrucks gefunden. Andererseits geben Maase und Zondeck, Lange, Knack und Neumann, Gerhartz, Boenheim und Lange an, daß der Blutdruck in der Regel normal sei. Die von uns zuweilen beobachteten akzidentellen Geräusche wurden auch von Rumpel und Knack, Maase und Zondeck und Hülse erwähnt. Auch die von uns beobachteten subnormalen Temperaturen finden ihre Bestätigung bei Hülse, Jansen und Schiff. Das häufige Vorkommen von Bronchitis wird von Rumpel und Knack erwähnt. Was das Nervensystem anbelangt, so sprechen Gerhartz, Lange, Lippmann und Jansen von völlig

---

[1]) Hülse, Münch. med. Wochenschr. 1917, Nr. 28 und Virch. Arch. **225**. 1918.
[2]) Lippmann, Zeitschr. f. ärztl. Fortbildung 1917, Nr. 18.
[3]) Jansen, Münch. med. Wochenschr. 1918, Nr. 1.

normalem Befund, während Maase und Zondeck über neuritische Erscheinungen (Paresen, fehlende Reflexe und Ophthalmoplegie) berichten. Gerhartz erwähnt Druckempfindlichkeit der Wadenmuskulatur, Hülse ziehende Wadenschmerzen. Durchfälle werden von Rumpel und Knack beschrieben, darunter zum Teil auch blutige, ferner von Maase und Zondeck. Knack und Neumann, ebenso Schiff sahen Obstipation.

Im großen und ganzen decken sich also die einzelnen Beobachtungen der Autoren. Abweichende Befunde, wie das verschiedene Verhalten des Blutdruckes, erklären sich wohl aus dem Umstande, daß den verschiedenen Autoren wechselnde Grade hinsichtlich der Schwere der Erkrankung für ihre Untersuchungen zugrunde lagen. Das geht mit Sicherheit hervor aus den angeführten Notizen über den Krankheitsverlauf, wie auch aus gewissen Untersuchungsbefunden; z. B. aus dem Eiweißgehalt des Blutes. Auf die Bedeutung der von einzelnen Autoren angegebenen Darmerscheinungen werden wir später zurückkommen.

Neben den Fällen mit ausgesprochenen Ödemen kam eine größere Anzahl von Erkrankten in unsere Beobachtung, die klinisch den vollen Symptomkomplex boten, ohne daß Ödeme vorhanden waren. Es handelt sich also um „Ödemkrankheit ohne Ödeme", wie sie auch Schiff beobachtete. Die Leute waren sozusagen im präödematösen Stadium. Das ergab sich auch aus der Untersuchung einer großen Zahl noch arbeitender Leute, unter denen viele bereits niedriges Körpergewicht und Blutdrucksenkung sowie Bradykardie und niedrigen Serumindex aufwiesen (s. Anhang Tab. I). Wir beobachteten diese Leute länger und sahen dann eine Reihe von ihnen eines Tages mit Ödemen in Lazarettbehandlung kommen.

2. Spezielle Untersuchungen der Kreislauforgane[1]).

Wie bereits oben im allgemeinen Teile auseinandergesetzt ist, fehlen nachweisbare Verbreiterungen des Herzens perkutorisch fast in allen Fällen, meist ist sogar röntgenologisch eine Kleinheit der Herzfigur festzustellen. Nach unseren Aufzeichnungen bei einer großen Anzahl Ödemkranker beträgt der rechte Medianabstand im Mittel zwischen 2—3 cm (anstatt 3,5—4,5 normal), der linke zwischen 6,5—8,5 cm

---

[1]) Bei Durcharbeitung unseres gesamten experimentellen Materials, die uns erst jetzt möglich war, und bei Berücksichtigung wichtiger Ergebnisse früherer Untersuchungen von Walter Frey, für deren Mitteilung wir ihm besonders Dank wissen, kamen wir gegenüber der in unserer früheren Mitteilung (Berl. klin. Woch. 1918, Nr. 48) geäußerten Ansicht über die Beziehungen zwischen Zirkulationssystem und Ödembildung bei Ödemkranken zu einer etwas modifizierten Auffassung.

(gegenüber 7,5—11,9). Die einzigen, die über eine Herzerweiterung berichten, sind Maase und Zondeck. Sonst wird auch von anderen Beobachtern stets eine Veränderung der Herzgröße verneint.

Das auffälligste Symptom von seiten des Herzens ist die in der Ruhe vorhandene starke Pulsverlangsamung, ferner die fast nie fehlende Herabsetzung des Blutdruckes. Folgende Tabelle gibt ein kleines Beispiel:

Tabelle 1.

	Puls	Blutdruck	Ödem		Puls	Blutdruck	Ödem
S.	48	70— 90	+	D.	48	100—120	++
M.	42	50— 70	++	D.	44	100—115	+
B.	52	50— 70	+	R.	48	50— 70	++
Sch.	52	60— 80	++	P.	58	80—105	keine
Sch.	48	70— 80	++	T.	42	70— 95	,,
N.	40	50— 70	++	J.	44	75—100	,,
T.	44	60— 75	++	M.	—	85— 96	,,
T.	55	80—110	++	C.	—	50— 70	,,
W.	48	70— 85	++	Ch.	46	50— 70	,,
P.	36	80—105	+++	P.	56	60— 80	,,
Sch.	66	70— 90	+	L.	48	60— 80	,,
A.	40	55— 80	+++	J.	48	60— 80	,,
P.	52	70— 90	+	P.	36	90—115	,,
M.	50	80—105	+	O.	44	100—115	Spuren
P.	50	100—120	+++	T.	52	50— 65	,,
Sch.	54	90—115	++				

Unter unseren Fällen waren noch keine 10%, bei denen der Puls über 60 Schläge betrug; die meisten zeigten 40—50, viele nur 32—36 Schläge in der Minute.

Bei einer Reihe von Patienten haben wir untersucht, ob nervöse Einflüsse, speziell von seiten des N. vagus für die Bradykardie verantwortlich seien. Der Vagusdruckversuch ist bei allen daraufhin geprüften Patienten negativ. Auch auf subcutane Atropininjektion tritt keinerlei Beschleunigung der Pulsfrequenz ein, wie die in Tabelle 2—5 dargestellten Versuche ergeben. Wir stehen hier in direktem Gegensatz zu der Behauptung von Schiff, nach welchem die Atropininjektion in jedem Falle eine beschleunigende Wirkung gehabt haben soll. Wir betonen diese Differenz mit Schiff ganz besonders, weil der Atropinversuch für die Erklärung der Bradykardie doch von wesentlicher Bedeutung ist.

Der völlig negative Ausfall des Atropinversuches beweist die Unabhängigkeit der Bradykardie von etwaigen Störungen im Gebiet des N. vagus. Auch fehlen bei allen unseren Patienten jegliche klinische Symptome dafür, daß etwa zentral nervöse Einflüsse eine Rolle spielen können. Wie überhaupt die Veränderungen am Nervensystem sehr gering sind, so sind auch nie Anhaltspunkte dafür vorhanden, daß bei der allgemeinen Neigung zu Wasseransammlung etwa durch Vermehrung des Liquor cerebrospinalis eine Steigerung des Hirndrucks eintritt und damit die Pulsverlangsamung erklärt würde. Hirndrucksymptome fehlen bei unseren Kranken völlig.

<table>
<tr><td colspan="2">Tabelle 2.</td><td colspan="2">Tabelle 3.</td></tr>
<tr><td colspan="2">Krankengeschichte Nr. 18.</td><td colspan="2">Krankengeschichte Nr. 17.</td></tr>
<tr><td>10^{35}</td><td>Puls 44</td><td>10^{50}</td><td>Puls 42</td></tr>
<tr><td>10^{45}</td><td>Atropin 0,001</td><td>11^{00}</td><td>Atropin 0,001</td></tr>
<tr><td>10^{50}</td><td>Puls 42</td><td>11^{05}</td><td>Puls 42 dikrot</td></tr>
<tr><td>10^{55}</td><td>,, 40</td><td>11^{15}</td><td>,, 42</td></tr>
<tr><td>11^{00}</td><td>,, 40</td><td>11^{20}</td><td>,, 42</td></tr>
<tr><td>11^{05}</td><td>,, 40</td><td>11^{30}</td><td>,, 42</td></tr>
<tr><td>11^{15}</td><td>,, 40</td><td>11^{40}</td><td>,, 42</td></tr>
<tr><td>11^{20}</td><td>,, 40</td><td>11^{50}</td><td>,, 42</td></tr>
<tr><td>11^{25}</td><td>,, 40</td><td>7^{00}</td><td>,, 48</td></tr>
<tr><td>7^{00}</td><td>,, 44</td><td></td><td></td></tr>
</table>

<table>
<tr><td colspan="2">Tabelle 4.</td><td colspan="2">Tabelle 5.</td></tr>
<tr><td colspan="2">Krankengeschichte Nr. 20.</td><td colspan="2">Krankengeschichte Nr. 10.</td></tr>
<tr><td>11^{50}</td><td>Puls 46</td><td>7^{18}</td><td>Puls 42</td></tr>
<tr><td>11^{52}</td><td>Atropin 0,001</td><td>7^{20}</td><td>Atropin 0,001</td></tr>
<tr><td>11^{55}</td><td>Puls 48</td><td>7^{22}</td><td>Puls 42</td></tr>
<tr><td>12^{00}</td><td>,, 46</td><td>7^{25}</td><td>,, 42</td></tr>
<tr><td>12^{05}</td><td>,, 44</td><td>7^{30}</td><td>,, 42</td></tr>
<tr><td>12^{10}</td><td>,, 44</td><td>7^{35}</td><td>,, 42</td></tr>
<tr><td>12^{15}</td><td>,, 42</td><td>7^{40}</td><td>,, 42</td></tr>
<tr><td>12^{20}</td><td>,, 42</td><td></td><td></td></tr>
<tr><td>12^{10}</td><td>,, 44</td><td></td><td></td></tr>
<tr><td>6^{00}</td><td>., 46</td><td></td><td></td></tr>
</table>

Die Ursache für die Pulsverlangsamung ist also im Herzen selbst zu suchen. Überleitungsstörungen liegen, soweit sich mit den im Felde zur Verfügung stehenden klinischen Hilfsmitteln feststellen ließ, nicht vor. Wir sind vielmehr der Ansicht, daß die Bradykardie ein Zeichen von veränderter Reizbildung von seiten der intrakardialen Zentren darstellt, ähnlich wie man es im Alter und nach lokaler Applikation von Kälte auf die Gegend des Sinusknotens sieht: Sinusbradykardie. Der Morbus Basedow charakterisiert den Zustand der gesteigerten Reizbildung als Teilerscheinung der Steigerung sämtlicher Stoffwechselvorgänge; die Exstirpation der Schilddrüse dagegen führt zu einer Verlangsamung aller dieser Vorgänge, und um etwas Ähnliches wird es sich auch bei dem Zustandekommen der Bradykardie des Ödemkranken handeln. Die Ursache für die verlangsamte Reizbildung liegt hier wohl in einer Ernährungsstörung des Herzmuskels unter dem Einfluß der ungenügenden Nah-

rungszufuhr. Damit steht im Einklang die Beobachtung von Herz[1],
daß bei chronischer Unterernährung zuweilen hypotonische Bradykardie beobachtet wird.

Die beobachtete Bradykardie ist aber nicht ohne weiteres gleichbedeutend mit primärer Herzinsuffizienz. Allerdings scheint die Blutzirkulation bei unseren Kranken meist deutlich gelitten zu haben.
Die Leute sind Anstrengungen gegenüber sehr empfindlich. Sobald
man die Patienten aufstehen läßt, geht die Bradykardie vielfach in
ausgesprochene Tachykardie über. Schon das Anziehen der Kleider,
vor allem aber das Ausführen einiger Kniebeugen erhöhen die Pulszahl sehr rasch, recht häufig treten Irregularität, Dyspnöe und Cyanose
auf, die typischen klinischen Anzeichen gestörter Blutzirkulation.

Tsch. Krankengeschichte Nr. 6.
6. II. Puls in der Bettruhe 50. Blutdruck 50—75 mm Hg. — Nach dem Aufstehen Puls 60. Blutdruck 50—75 mm Hg. — Nach 10 Kniebeugen Puls 96,
deutlich irregulär; leichte Cyanose, deutliche Dyspnöe. Blutdruck 50—75 mm Hg.
— Nach 2 Minuten Puls 58. Blutdruck 50—75 mm Hg.

Manche Patienten, die während der Lazarettbehandlung bei Bettruhe völlig beschwerdefrei waren, bekamen schon beim einfachen Abtransport im Krankenwagen die erwähnten unangenehmen Erscheinungen. Bei einzelnen trat völliger Kollaps ein. Auch die mitunter
beobachteten plötzlichen Todesfälle derartiger Ödemkranker ereignen
sich unter dem Bilde der akuten Zirkulationsschwäche. Trotzdem sind
wir der Ansicht, daß alle diese Störungen nicht die Folge einer
primären Herzschwäche seien. Das Herz ist klinisch und auch,
wie oben ausgeführt, pathologisch-anatomisch keineswegs vergrößert,
was man bei Blutdrucksenkung infolge von Herzschwäche doch erwarten sollte. Gerade die Kleinheit des Herzens ist ein ganz besonders
imponierendes Symptom der Ödemkranken. So haben wir z. B. ein
Herzgewicht von 220 g (normal nach Herxheimer 250—300 g) festgestellt, und auch Hülse erwähnt ein Gewichtsdefizit bis zu 145 g.
Eine Stauungsleber haben wir ebenfalls niemals gesehen, obschon gerade die Leber schon auf geringe Schwächezustände des Herzens mit
Volumzunahme und den charakteristischen mikroskopischen Veränderungen reagiert. Es fehlt bei den meisten der Kranken ganz gewöhnlich auch Stauungslunge, und nur bei einem der Fälle haben wir ante
exitum Lungenödem beobachtet. Die Hautödeme vollends können
nicht als kardiale angesprochen werden, denn sie treten zu einer Zeit
auf, wo von Herzinsuffizienz keine Rede sein konnte, und entsprechen
ihrer Ausbreitung nach auch vielmehr dem Typus der Gefäßödeme,
treten schon frühzeitig im Gesicht auf, an den Händen, und nicht wie
beim Herzkranken ganz gesetzmäßig an den abhängigen Körperpartien.

---

[1] Herz, Herzkrankheiten. Wien und Leipzig 1912.

Wir sehen die Ursache für die deutlich vorhandene Zirkulationsschwäche in einer peripheren Gefäßschädigung.

Diese Anschauung stützt sich einmal auf ausgedehnte Versuche mit Adrenalin und andererseits auf das Verhalten der Kranken gegenüber Digitalis.

Bei einer Reihe von Fällen mit niedrigen Blutdruckwerten haben wir subcutane, in einem Falle auch intravenöse Adrenalininjektion vorgenommen. Die Resultate seien in den folgenden Tabellen mitgeteilt:

Tabelle 6.
Krankengeschichte
Nr. 21.

Zeit	Blutdruck	Puls
11^{15}	70—90	50
11^{18}	Adren. 0,001 subcutan	
11^{21}	70—95	48
11^{30}	70—95	48
11^{37}	70—95	50
11^{45}	70—95	50
11^{49}	70—90	56
11^{57}	70—95	56
12^{03}	70—90	56
12^{12}	70—90	56
12^{18}	70—92	54
6^{00}	60—80	56

Tabelle 7.
Krankengeschichte
Nr. 7.

Zeit	Blutdruck	Puls
5^{30}	70—90	60
5^{36}	Adren. 0,001 subcutan	
5^{40}	70—90	
5^{45}	70—90	
5^{50}	70—90	
5^{53}	70—90	
5^{55}	70—95	
6^{00}	70—90	
6^{05}	70—90	
6^{10}	70—90	
6^{15}	70—95	64
6^{20}	70—93	
6^{25}	70—93	
6^{30}	70—90	

Tabelle 8.
Krankengeschichte
Nr. 10.

Zeit	Blutdruck	Puls
11^{45}	55—75	50
11^{50}	Adren. 0,001 subcutan	
11^{53}	55—75	48
12^{05}	55—75	48
12^{15}	55—75	50
12^{20}	55—75	50
12^{25}	55—75	50

Tabelle 9.
Krankengeschichte
Nr. 18.

Zeit	Blutdruck	Puls
6^{15}	70—90	46
6^{20}	Adren. 0,001 subcutan	
6^{30}	70—90	52
6^{35}	70—90	50
6^{40}	70—90	52

Tabelle 10.
Krankengeschichte
Nr. 8.

Zeit	Blutdruck	Puls
11^{10}	50—75	52
11^{13}	Adren. 0,001	
11^{20}	50—75	52
11^{26}	50—70	50
11^{35}	50—65	50
11^{40}	50—65	55
11^{45}	50—65	58
11^{53}	50—65	56
12^{00}	50—68	54
12^{18}	50—65	52
12^{23}	50—65	50
12^{30}	50—72	50

Tabelle 11.
Krankengeschichte
Nr. 20.

Zeit	Blutdruck	Puls
12^{00}	70—90	52
12^{02}	Adren. 0,001	
12^{07}	70—90	52
12^{12}	70—92	56
12^{17}	70—92	54
12^{27}	70—90	56
12^{32}	70—90	56
6^{30}	90—110	56 außer Bett
6^{35}	80—100	56 liegend
6^{40}	75—95	

Tabelle 12.
Krankengeschichte Nr. 3.

Zeit	Blutdruck	Puls
12^{00}	80—105	36
12^{06}	Adrenal. 0,001	
12^{10}	80—105	
12^{15}	80—110	36
12^{20}	80—110	36
12^{25}	80—110	36
12^{35}	80—120	36
6^{00}	80—100	40

Tabelle 13.
Krankengeschichte Nr. 13.

Zeit	Blutdruck	Puls
11^{10}	60—85	60
11^{15}	Adrenal. 0,001	
11^{20}	60—88	56
11^{33}	60—80	56
11^{38}	60—80	64
11^{45}	60—85	64
11^{50}	70—85	62
11^{58}	70—98	60
12^{05}	70—98	64
12^{15}	70—100	64
12^{20}	70—90	60

Sämtliche acht Versuche ergeben ein übereinstimmendes Resultat. Es fehlt jegliche Einwirkung des Adrenalins auf den Blutdruck; bei Fall 5 tritt sogar nach der Injektion noch eine leichte Drucksenkung ein. Auch auf die Pulsfrequenz bleibt das Adrenalin ohne Einfluß, nur in Fall 4 und 6 sehen wir eine leichte Zunahme der Frequenz.

In den folgenden drei Fällen war dagegen eine leichte drucksteigernde Wirkung des Adrenalins vorhanden, die allerdings in dem einen Falle nur 15, in den beiden anderen nur 30 mm Hg. beträgt:

Tabelle 14.
Krankengeschichte Nr. 11.

Zeit	Blutdruck	Puls
11^{00}	70—95	46
11^{10}	Adren. 0,001	
11^{15}	70—105	48
11^{20}	80—110	50
11^{25}	80—110	50
11^{30}	80—103	50
11^{50}	60— 80	
12^{00}	60— 75	52

Tabelle 15.
Krankengeschichte Nr. 6.

Zeit	Blutdruck	Puls
5^{30}	50—75	60
5^{35}	Adren. 0,001	
5^{38}	70—90	60
5^{45}	70—105	64
5^{55}	50—75	76
6^{30}	50—70	74

Tabelle 16.
Krankengeschichte Nr. 16.

Zeit	Blutdruck	Puls
10^{55}	60—80	
11^{00}	Adren. 0,001	
11^{08}	60—90	
11^{20}	60—90	
11^{25}	80—105	
11^{30}	80—110	
11^{35}	80—110	
11^{40}	80—110	
11^{48}	80—100	
11^{58}	80—100	
12^{10}	80—100	

Eine intravenöse Adrenalindarreichung wurde nur in einem Falle vorgenommen. Sie hatte außerordentlich bedrohliche Erscheinungen zur Folge:

K. s. Krankengeschichte Nr. 2.

Vor der Injektion: **Puls 42**, Atmung 14, Blutdruck 70—90 mm Hg.

6^{20} 0,5 mg Adrenalin intravenös. Sofort nach der Injektion blasse Verfärbung der Schleimhäute, Puls an der Radialis nicht mehr fühlbar. Deutlich sichtbare frequente Herztätigkeit.

6^{25} Herzfrequenz 148 Schläge i. d. Min. Puls an der Radialis nicht zu fühlen.

6^{28} Herzfrequenz 58 Schläge. Puls radial nicht zu fühlen. 1 ccm Digalen subcut.

6^{35} Herztätigkeit schwach, aber regelmäßig und gleichmäßig, Spitzenstoß nicht zu fühlen. Herzfrequenz 54 Schläge i. d. Min. Puls radial nicht zu fühlen.

6^{45} Herzfrequenz 48. Radialpuls nicht zu fühlen. 2 Spritzen Campher (fort.) subcutan.

7^{00} Herzfrequenz 46. Radialpuls fehlt.

12^{00} 2 Spritzen Campheröl subcutan.

8^{00} Puls schwach fühlbar, 54 Schläge. Blutdruck 45—65 mm Hg.

Bei unseren Adrenalinversuchen fehlt also unter 11 Fällen 8 mal jegliche Einwirkung des Adrenalins auf den Blutdruck. Es ist das genau dasselbe Verhalten des Organismus, wie man es bei Kranken mit zentraler oder peripherer Gefäßlähmung zu sehen gewohnt ist. Bei peritonitischer Blutdrucksenkung, dann bei Infektionskrankheiten mit niedrigem Blutdruck, wie dem Fleckfieber und auch bei Diphtherie, kann durch Adrenalin der Blutdruck deshalb nicht in die Höhe gebracht werden, weil die Gefäße auf das Mittel nicht mehr ansprechen. Beim Normalen bekommt man schon nach Injektion von 0,3 mg häufig eine Steigerung des Blutdrucks um 10—30 mm Hg (s. Frey, Deutsche med. Wochenschr. 1917, Nr. 28). Neurastheniker und Nephritiker sind, wie uns Frey mitteilt, Adrenalin gegenüber besonders empfindlich. Herzkranke verhalten sich verschieden; Blutdrucksteigerungen kommen vor, können aber auch fehlen; das charakteristische Symptom ist hier das Einsetzen von extrasystolischen Arythmien (Frey). Abgesehen von den Erscheinungen nach intravenöser Injektion des Adrenalins sahen wir solche Unregelmäßigkeiten bei unseren Fällen aber nie, der Puls ging wohl meist etwas in die Höhe, blieb aber regelmäßig. Die oben geschilderten bedrohlichen Erscheinungen nach intravenöser Einverleibung des Adrenalins sind einer akuten Digitalisintoxikation ähnlich und müssen als Ausdruck einer Giftwirkung auf den Herzmuskel angesehen werden mit Neigung zu systolischem Herzstillstand; sie sind kein Zeichen von primärer Herzschwäche.

Andererseits haben wir den Effekt der Digitalismedikation zahlenmäßig verfolgt.

Wir haben einer Reihe von Patienten Strophanthin in einer Dosis von 0,0005 intravenös injiziert. Wie die Tabellen 17—22 beweisen, machte sich die Digitaliswirkung bei den meisten Fällen zwar in einer leichteren weiteren Pulsverlangsamung bemerkbar, es gelang uns jedoch nicht, die Herztätigkeit durch die Injektion wesentlich zu bessern. In den zwei Fällen Tab. 17 u. 18 fehlt eigentlich jede Einwirkung des Strophanthins auf den Blutdruck, auch die Pulsqualität wurde hinsichtlich der Füllung nicht verändert. In den Versuchen Nr. 19—21 sehen wir eine Besserung der Herzfunktion,

— 14 —

die sich auch in einer Steigerung des Blutdruckes bemerkbar macht, zwar eintreten, doch ist der Effekt nur ganz gering (Steigerung des systolischen Druckes um höchstens 20—25 mm) und nicht von Dauer. Meist war bereits nach einigen Stunden die Wirkung völlig vorüber. Ähnlich verhielt es sich mit intravenöser Digalenapplikation (Tab. 22): auch hier keine Einwirkung auf den Blutdruck, nur ausgesprochene Pulsverlangsamung.

<table>
<tr><td colspan="3">

Tabelle 17.
Krankengeschichte
Nr. 20.

</td><td colspan="3">

Tabelle 18.
Krankengeschichte
Nr. 7.

</td><td colspan="3">

Tabelle 19.
Krankengeschichte
Nr. 11.

</td></tr>
<tr><td>Zeit</td><td>Blutdruck</td><td>Puls</td><td>Zeit</td><td>Blutdruck</td><td>Puls.</td><td>Zeit</td><td>Blutdruck</td><td>Puls</td></tr>
<tr><td>12^{10}</td><td>50—70</td><td>50</td><td>11^{30}</td><td>60—75</td><td>48</td><td>11^{45}</td><td>60—85</td><td>52</td></tr>
<tr><td>12^{15}</td><td>Stroph. 0,0005</td><td></td><td>11^{35}</td><td>Stroph. 0,0005</td><td></td><td>12^{05}</td><td>Stroph. 0,0005</td><td></td></tr>
<tr><td>12^{17}</td><td>60—80</td><td>—</td><td>11^{40}</td><td>60—80</td><td>44</td><td>12^{08}</td><td>60—85</td><td>50</td></tr>
<tr><td>12^{20}</td><td>60—82</td><td>44</td><td>11^{45}</td><td>60—80</td><td>44</td><td>12^{10}</td><td>60—90</td><td>46</td></tr>
<tr><td>12^{25}</td><td>50—70</td><td>—</td><td>11^{50}</td><td>60—90</td><td>44</td><td>12^{15}</td><td>65—90</td><td>44</td></tr>
<tr><td>12^{30}</td><td>50—70</td><td>—</td><td>11^{55}</td><td>70—90</td><td>44</td><td>12^{20}</td><td>65—95</td><td>46</td></tr>
<tr><td>1^{30}</td><td>80—100</td><td>52</td><td>12^{06}</td><td>60—80</td><td>40</td><td>12^{25}</td><td>70—100</td><td>46</td></tr>
<tr><td>6^{30}</td><td>50—75</td><td>44</td><td>12^{15}</td><td>60—80</td><td>40</td><td>12^{30}</td><td>70—100</td><td>44</td></tr>
<tr><td></td><td></td><td></td><td></td><td></td><td></td><td>12^{35}</td><td>70—100</td><td>44</td></tr>
<tr><td></td><td></td><td></td><td></td><td></td><td></td><td>12^{40}</td><td>70—100</td><td>44</td></tr>
<tr><td></td><td></td><td></td><td></td><td></td><td></td><td>6^{00}</td><td>75—110</td><td>48</td></tr>
</table>

<table>
<tr><td colspan="3">

Tabelle 20.
Krankengeschichte
Nr. 10.

</td><td colspan="3">

Tabelle 21.
Krankengeschichte
Nr. 13.

</td><td colspan="3">

Tabelle 22.
Krankengeschichte
Nr. 6.

</td></tr>
<tr><td>Zeit</td><td>Blutdruck</td><td>Puls</td><td>Zeit</td><td>Blutdruck</td><td>Puls</td><td>Zeit</td><td>Blutdruck</td><td>Puls</td></tr>
<tr><td>6^{10}</td><td>60—80</td><td>40</td><td>2^{00}</td><td>60—80</td><td>52</td><td>9^{50}</td><td>70—85</td><td>84</td></tr>
<tr><td>6^{16}</td><td>Stroph. 0,0005</td><td></td><td>2^{05}</td><td>Stroph. 0,0005</td><td></td><td rowspan="2">9^{52}</td><td rowspan="2">Digalen 1 ccm
intravenös</td><td></td></tr>
<tr><td>6^{18}</td><td>60—80</td><td>40</td><td>2^{06}</td><td>60—80</td><td>—</td><td></td></tr>
<tr><td>6^{20}</td><td>70—95</td><td>38</td><td>2^{07}</td><td>60—90</td><td>54</td><td>9^{55}</td><td>70—90</td><td>64</td></tr>
<tr><td>6^{25}</td><td>70—105</td><td>40</td><td>2^{10}</td><td>75—103</td><td>52</td><td>10^{00}</td><td>70—90</td><td>74</td></tr>
<tr><td>6^{30}</td><td>70—105</td><td>40</td><td>2^{15}</td><td>75—105</td><td>52</td><td>10^{05}</td><td>70—80</td><td>82</td></tr>
<tr><td>6^{35}</td><td>70—100</td><td>38</td><td>2^{20}</td><td>80—105</td><td>52</td><td>10^{10}</td><td>70—80</td><td>84</td></tr>
<tr><td>6^{40}</td><td>70—105</td><td>40</td><td>2^{25}</td><td>75—103</td><td>52</td><td>10^{15}</td><td>70—80</td><td>84</td></tr>
<tr><td>6^{50}</td><td>70—100</td><td>46</td><td>2^{36}</td><td>75—103</td><td>52</td><td>11^{05}</td><td>70—80</td><td>88</td></tr>
<tr><td></td><td></td><td></td><td>7^{00}</td><td>60—80</td><td>48</td><td></td><td></td><td></td></tr>
</table>

Ebensowenig wurde mit subcutaner Coffeindarreichung eine nennenswerte Besserung der Pulsqualität und des Blutdruckes erreicht. Daß jedoch nicht jede Wirkung der Digitalis auf das Herz ausbleibt, ergab sich aus der Beobachtung, daß mitunter bei Fehlen jeglicher Veränderung am Blutdruck und am Puls die Diurese unter Digitalis anscheinend doch in günstigem Sinne beeinflußt werde. Vielleicht ist diese diuretische Wirkung auf eine lokale Einwirkung der Digitalis auf die Nierengefäße zurückzuführen (Gefäßerweiterung und stärkere Durchströmung der Niere, Löwi und Jonescu).

Aus den Versuchen mit Digitalis geht gleichfalls hervor, daß nicht der Herzmuskel in erster Linie für die vorhandene Zirkulationsstörung verantwortlich zu machen ist. Denn die Mehrzahl der chronischen Herzmuskelaffektionen beantwortet die Zufuhr von Digitalis doch mit einer Verbesserung des Schlagvolums, der Puls wird voller, der Blutdruck hebt sich. Die beobachteten Erscheinungen decken sich mit der Machtlosigkeit der Digitalistherapie bei Infektionskrankheiten, wo das Herz optimal arbeitet, aber bei der bestehenden Vasomotorenlähmung ungenügende Mengen von Blut zugeführt bekommt, so daß dadurch der Blutdruck sinkt und die ganze Zirkulation sich verschlechtert.

Wir sehen die Ursache der vorhandenen Zirkulationsstörung in einer primären Gefäßschädigung und erklären die Zirkulationsschwäche also in ähnlicher Weise wie das Auftreten der Ödeme. In beiden Fällen leidet der Tonus der Gefäße; es kommt zu vermehrter Durchlässigkeit und andererseits zu einer Ausweitung des ganzen peripheren Stromgebiets, welche die Strömungsgeschwindigkeit des Bluts herabsetzt und dazu führt, daß die Hauptmasse des Blutes in den arteriellen und venösen Capillaren liegenbleibt. Sekundär mag das Herz infolge des Daniederliegens der gesamten Blutzirkulation auch geschädigt werden; diese Veränderungen treten aber klinisch nicht hervor, sind bei der Sektion nicht nachweisbar und dürften also keine wesentliche Rolle spielen.

3. Blut.

Die Bestimmung des Hämoglobingehaltes erfolgte mit dem Hämometer nach Sahli. Die Werte beziehen sich auf nach Stäubli bestimmte und nach Sahli korrigierte Zahlen. Die so gewonnenen Hämoglobinwerte unserer Kranken waren nun in der überwiegenden Mehrzahl normal, vereinzelt sogar übernormal und nur in der Minderzahl unternormal. Sehr stark erniedrigte Werte finden sich eigentlich nur da, wo fieberhafte Komplikationen, septische Prozesse, chronische Tuberkulose, chronische Ruhr usw. vorlagen. Der Hämoglobingehalt ergab in einzelnen Fällen Werte bis 105%. Diese Feststellung ist um so bemerkenswerter, als die Bestimmungen zur Zeit der hochgradigen Ödeme vorgenommen wurden, also zu einer Zeit, wo man eine Verwässerung des Blutes und damit die sonst übliche Abnahme des Hämoglobingehaltes hätte erwarten sollen. Auch die Gesamtzahl der Erythrocyten war recht häufig über normal; auch hier verzeichneten wir Werte bis zu 6 470 000 Erythrocyten. Doch waren die zahlenmäßigen Verhältnisse der roten Blutkörper im allgemeinen weit weniger konstant, als die Hämoglobinwerte. Wir fanden ziemlich regellos bei dem einen Patienten normale oder übernormale, bei dem anderen auch subnormale Werte. Die niedrigsten Zahlen bewegten sich um 3 400 000 herum. Eine Gesetzmäßigkeit der Verhältnisse der Erythrocytenzahl zum Grade der Ödeme oder der Abnahme des Körpergewichtes läßt sich nicht feststellen. Die Berechnung des Färbeindex ergab mitunter eine geringe Erhöhung; er erreichte in einem Falle 1,2, der niedrigste Wert war 0,8. Auch in den Fällen, wo die Gesamtzahl der Erythrocyten herabgesetzt war, war oft der Hämoglobingehalt normal; wenn er gleichzeitig vermindert war, so hielt er mit der Erythrocytenzahl nicht gleichen Schritt, sondern bewegte sich auf höheren Werten, so daß auch dann eine Erhöhung des Färbeindex bestehen blieb. Mit der Ausschwemmung der Ödeme und der zunehmenden Kräftigung der Patienten sehen wir dann vielfach den Hämoglobingehalt absinken, während die Erythrocytenzahl sich kaum verändert, mitunter sogar zunimmt. Dementsprechend pflegt also der erhöhte Färbeindex im Verlauf der Erkrankung abzusinken auf normale oder auch auf Werte unter 1,0. So sinkt z. B. bei Patient K. (Tab. 24) der Färbeindex von 1,16 zu Beginn innerhalb von 2 Monaten auf 0,9, bei Pat. S. (Tab. 24) von 1,2 auf 1,0. Einige Beispiele für das Verhalten des roten Blutbildes finden sich in Tabelle 23 u. 24. Es ist wohl möglich, daß infolge der allgemeinen Eiweißverarmung die Bildung von Erythrocyten vermindert ist und mehr jugendliche, hämoglobinreichere Formen herausgeschickt werden.

Die Leukocytenzahlen (siehe Tab. 23 u. 25) zeigten im allgemeinen entweder normale oder hochnormale oder leichterhöhte Werte oder aber Leukopenie. Sie bewegten sich zwischen 4000—9200, nur in wenigen Fällen sank ihre Zahl unter 4000, einmal auf 3900 und ein anderes Mal auf 3600 Leukocyten. Die qualitative resp. prozentuale Auszählung der einzelnen Leukocytenformen (siehe Tab. 25) ergibt in der überwiegenden Mehrzahl der Fälle eine Erhöhung der Lymphocytenwerte auf Kosten der Neutrophilen. Die großen Mononucleären und Übergangsformen wie auch die eosinophilen Zellen wiesen normale Werte auf. Das rote Blutbild zeigte morphologisch keine nennenswerten Veränderungen.

Wir haben zahlreiche Blutausstriche, wie auch dicke Tropfenpräparate auf Mikroorganismen untersucht. Das Resultat war stets vollständig negativ.

Vergleichen wir mit unseren Befunden die in der Literatur niedergelegten Beobachtungen, so wird von Knack und Neumann angegeben, daß die Erythrocytenzahl bald vermindert, bald erhöht ist.

Tabelle 23.

Name	% Hämoglobin korrig. Werte	Erythrocyten-zahl	Färbeindex	Leukocyten	Bemerkungen
M.	80	5 170 000	0,8	8300	Ödeme
B.	100	6 470 000	0,9	7850	,,
L.	96	4 150 000	1,1	6050	keine Ödeme
K.	100	4 320 000	1,1	5400	Ödeme
Sch.	100	4 400 000	1,1	5100	,,
M.	95	3 980 000	1,2	8050	,,
P.	105	4 850 000	1,1	8700	keine Ödeme
L.	98	4 350 000	1,1	9200	Ödeme
P.	81	3 770 000	1,1	3800	,,
S.	100	5 180 000	1,0	8600	,,
B.	97	4 370 000	1,1	5400	,,
F.	85	4 230 000	1,0	6800	,,
B.	93	4 280 000	1,1	4350	starke Ödeme
D.	100	5 750 000	0,8	8050	Ödeme
C.	97	4 250 000	1,1	5600	,,
S.	100	5 090 000	1,0	4600	,,
S.	93	6 240 000	0,7	4000	starke Ödeme
F.	100	5 240 000	0,9	3900	Ödeme
T.	100	5 980 000	0,86	7050	,,

Tabelle 24.

Name	Ödemstadium			Postödematöses Stadium		
	% Hämoglobin korr.	Erythrocyten	Färbeindex	% Hämoglobin	Erythrocyten	Färbeindex
S.	100	3 480 000	1,4	93	4 400 000	1,0
K.	100	4 300 000	1,16	93	4 800 000	0,9
F.	85	4 230 000	1,0	87	3 510 000	1,2
B.	94	4 980 000	0,98	80	4 370 000	0,92
P.	83	3 770 000	1,12	76	3 800 000	1,0
S.	100	5 180 000	0,94	85	4 460 000	0,93

Tabelle 25.

Nr.	Name	Erythro-cyten	Leuco-cyten	Neutro-phile	Lympho-cyten	Große Mononucleäre u. Übergangsformen	Eosino-phile	Bemerkungen
1	T.	4 760 000	6800	64,4	29,4	4,9	1,3	
	—	4 360 000	6000	50,1	46,1	3,7	—	nach Adrenalin
2	M.	5 170 000	8300	41,3	58,0	0,8	—	
3	A.	4 740 000	7900	62,0	36,0	1,7	0,3	
4	T.	5 040 000	6300	60,0	38,5	1,5	—	
5	Ch.	5 940 000	4300	72,0	23,0	3,2	1,8	
6	N.	4 540 000	6050	72,9	24,4	2,3	0,4	
	—	4 250 000	6900	60,0	37,0	2,4	0,6	nach Adrenalin
7	S.	4 100 000	8000	56,0	47,3	2,3	0,4	
8	Sch.	3 470 000	8800	66,0	28,3	4,8	0,9	
9	P.	3 460 000	8200	62,8	33,9	3,4	0,4	

Hülse findet in der Minderzahl herabgesetzte Erythrocytenzahlen, in der Mehrzahl Werte von 5—5,2 Millionen. Der Färbeindex ist nach ihm meist 0,8—1,0, in einzelnen Fällen erhöht. Jacobsthal[1]) findet im präödematösen Stadium hohe Hämoglobin- und Erythrocytenwerte, nach Maase und Zondeck entsprechen die Hämoglobin- und Erythrocytenwerte der Hydrämie. Lippmann spricht von einem paradoxen Blutbild, indem im Stadium des Ödems hohe, nach Ausschwemmung niedrige Hämoglobinwerte vorlägen, während die Erythrocytenzahl herabgesetzt sein soll. Gerhartz gibt die Hämoglobinwerte zwischen 80—100% an. Über Anisocytose und Polychromatophilie berichten Rumpel, Woltmann[2]), Boenheim[3]), Gerhartz und Hülse. Auch basophile Punktierung wurde gesehen. Was die weißen Blutkörperchen anbelangt, so geben Gerhartz, Hülse und Lippmann, Maase und Zondeck, Rumpel und Knack u. a. an, daß häufig Leukopenien anzutreffen sind, nach Lippmann um 4000. Hülse spricht schließlich von einer Lymphocytose. (Vermehrung der großen Lymphocyten.) Andere sprechen von einer Mononucleose, die auf eine Vermehrung der Lymphocyten und gleichzeitige Steigerung der Werte der Großen Mononuclearen zu beziehen ist.

Mit unseren Befunden dürften also die Angaben der Literatur im großen und ganzen übereinstimmen. Die in der Literatur (Hülse) verzeichnete Eosinophilie haben wir jedoch niemals gefunden (Parasiten?). Wir legen unseren Befunden einen besonderen Wert bei, weil sie systematisch an einem großen Material und über lange Zeitperioden durchgeführt sind. Maase und Zondeck konstatierten eine erhöhte Gerinnungsfähigkeit des Blutes. Wir hatten auch bei der Blutentnahme zu refraktometrischen Untersuchungen häufig den Eindruck, daß das Blut auffallend rasch gerann. Wir haben jedoch keine genaueren Bestimmungen der Gerinnungszeit vorgenommen.

Auf weitere Untersuchung des Blutes, vor allem des Brechungsindex des Blutserums und chemische Untersuchungen werden wir in einer weiteren Mitteilung zurückkommen.

4. Pathologisch-anatomischer Befund.

Wir verfügen im ganzen über fünf Fälle von Ödemkrankheit, die zum Exitus kamen, und bei denen eine Autopsie vorgenommen werden konnte. Von diesen wiesen zwei außer den Symptomen der Ödemkrankheit keine Komplikationen auf, die als Todesursache hätten gedeutet werden können, und auch pathologisch-anatomisch fanden sich

---

[1]) Jacobsthal, Sitzung des ärztl. Vereins zu Hamburg 3. IX. 17. ref.; Münch. med. Wochenschr. 1917, Nr. 30.

[2]) Wiener klin. Wochenschr. 1916.

[3]) Münch. med. Wochenschr. 1917, Nr. 24.

bei ihnen keine anderen Veränderungen als solche, die als unmittelbare Folge der primären Erkrankung aufzufassen waren. Die übrigen drei zeigten im Leben und bei der Autopsie an den verschiedenen Organen krankhafte Prozesse, die mit der Ödemkrankheit als solcher nichts zu tun haben, sondern entweder als Komplikationen oder als Nebenbefunde zu deuten waren. Daß Komplikationen bei der Ödemkrankheit, namentlich von seiten der Lunge, häufig auftreten und dann auch die unmittelbare Todesursache werden können, ist schon im klinischen Teil erwähnt.

Die beiden, völlig unkomplizierten Fälle zeigten als hauptsächlichen pathologisch-anatomischen Befund den folgenden: Allgemeine hochgradige Abmagerung. Das Fettgewebe war überall nahezu völlig geschwunden. Dieser absolute Schwund des Fettgewebes bezog sich nicht nur auf die bedeckenden Schichten, besonders der Bauchhaut, sondern in gleicher Weise auch auf die Fettgewebe der inneren Organe. So war das Netz meist vollkommen fettarm, oder es fanden sich nur vereinzelte Fettträubchen, auch das perirenale Fettgewebe fehlte völlig, desgleichen war das Perikard völlig ohne Fett. Die parenchymatösen Organe waren sämtlich sehr klein, besonders auch das Herz und die Leber. Das Herz, in einem Falle auch die Leber, zeigten die Anzeichen der braunen Atrophie. Im Herzbeutel fand sich ein geringer Erguß. In dem zweiten Falle bestand eine starke eitrige Bronchitis. Einmal fanden sich punktförmige, zahlreiche Blutungen in der Milzkapsel sowie in der Hirnsubstanz. Die Milz war hier etwas geschwollen und erweicht. Leber und Niere waren stark blutreich, auch die Wandgefäße des Dickdarms waren stark injiziert, die Gekrösedrüsen, die Lymphdrüsen und Lymphknoten des untersten Dick- und Dünndarms etwas geschwollen. Als agonale Erscheinungen fanden sich Lungenödem und eine mäßige Erweiterung der rechten Kammer. Als Todesursache wurde von Anatomen notiert: Herzschwäche bei allgemeinem Kräfteverfall.

Als Beispiel sei folgendes Protokoll angefügt: Es handelt sich um einen Fall, der im sog. präödematösen Stadium zum Exitus kam.

L. P., 39 Jahre alt. Kleine männliche Leiche im Zustand hochgradiger Abmagerung. Hautfarbe schmutzig gelblich. Keine Ödeme der Unterschenkel, kein Hautexanthem. Muskulatur von braunroter Farbe. Das Fettpolster der Bauchdecken ist bis auf einige Fettträubchen völlig geschwunden. In der Bauchhöhle etwa 100 ccm klarer Flüssigkeit. Das Netz zeigt nur Spuren braunen, gallertartigen Fettgewebes. In beiden Bauchhöhlen nur geringe Menge Erguß. Beide Lungen voluminös, auf dem Durchschnitt stark ödematös. In den Bronchien Schleim mit Eiter vermengt. Herz von der Größe der Faust. Perikard o. B. Klappenapparat zart. Im linken Papillarmuskel eine weißliche Verdickung des Endokards. Herzmuskel von dunkel-braunroter Farbe, rechte Kammer etwas erweitert. Größte Wanddicke links 18, rechts 4 mm.

Milz $8^1/_2 : 6^1/_2 : 2$ cm. Farbe der stark runzligen Kapsel schiefergrau, Schnittfläche braunrot. Pankreas o. B. Bauchfell o. B. Nierenkapsel vollkommen fettfrei. Nierenmaße 5¹/₂ : 3 ccm. Farbe grünrötlich. Nieren ziemlich blutreich, Grenze zwischen Rinde und Mark etwas verschwommen. Nebenniere klein und derb. Magen o. B. Leber klein, 23 : 14 : 9 ccm, ziemlich schlaff, Läppchenzeichnung verschwommen, Farbe dunkelbraunrot. Übrige Organe o. B.

Diagnose: Allgemeine hochgradige Abmagerung (Inanition). Geringe Erweiterung der rechten Herzkammer, Lungenödem, eitrige Bronchitis. Braune Atrophie des Herzens und der Leber. Todesursache: Herzschwäche bei allgemeinem Kräfteverfall.

Drei weitere Fälle ergaben neben den durch die Ödemkrankheit bedingten Veränderungen Komplikationen von seiten der Lungen. Im übrigen war auch bei diesen der allgemeine Organbefund der gleiche, wie bei den unkomplizierten Fällen; auch hier hochgradige Abmagerung und Fehlen des Fettpolsters, Ödeme und mehr oder weniger starke Ergüsse in den serösen Höhlen. Die parenchymatösen Organe sind ebenfalls auffallend klein. So wiegt z. B. in dem einen Falle das Herz nur 220 g (normal 250—350 g), die Leber nur 1025 g (normal 1400—1600 g). Herzmuskel und Leber zeigen gleichfalls die Anzeichen der braunen Atrophie. In zwei Fällen sind die Nebennieren auffallend groß, ihr Gewicht beträgt 16 und 18 g (R. + L.). In zwei Fällen fand sich eine starke Injektion der Gefäße der Magen- und Dünndarmschleimhaut mit zahlreichen Blutungen unter die Schleimhaut besonders im Dünndarm. Die Blutungen im Dünn- und Dickdarm lassen es verständlich erscheinen, daß manchmal Blutbeimengung zum Stuhl unter den Symptomen der Krankheit angegeben werden können, ohne daß diese den Verdacht auf eine Ruhr zu lenken brauchen. Gehirnödem fand sich ebenfalls in zwei Fällen. Über den Lungen fand sich neben einem terminalen Lungenödem einmal eine ausgedehnte katarrhalische Lungenentzündung beider Unterlappen, im zweiten Falle eine fibrinöse Lungen- und Brustfellentzündung des rechten Ober- und Mittellappens und im dritten Falle neben eitriger Bronchitis und multiplen bronchopneumonischen Herden ein taubeneigroßer Absceß im rechten Oberlappen.

Als Beispiel sei hier die Krankengeschichte und das Sektionsprotokoll eines Falles angefügt, der klinisch das ausgesprochene Bild der Ödemkrankheit darbot und an einer interkurrenten Pneumonie zum Exitus kam:

Pr., 36 Jahre alt. Aufnahme in das Lazarett in P. am 10. III. 17. Hochgradige Abmagerung. Fettpolster völlig geschwunden, Haut bedeckt unmittelbar die Knochen und Muskeln. Deutliche Ödeme der Unterschenkel, besonders der Knöchelgegend. Kein Ascites. Über der rechten Lunge vorn im Bereich des Mittellappens Dämpfung, mit Bronchialatmen und Knisterrasseln. (Pneumonie). Gleichwohl Temperatur nur 37,6°. Cor nicht verbreitert, Töne rein. Puls klein, weich, 60 Schläge. Blutdruck 60—80 mm Hg. Reflexe +. Nervendruckpunkte an den Unterschenkeln empfindlich. Serumeiweiß 5,20%. Am 11. III. Dämpfung vorn rechts höher gestiegen. Temperatur 37,8°. 21. III.

wesentliche Verschlimmerung, Pat. ist völlig unbesinnlich. Puls klein, fadenförmig, beschleunigt, leicht blutige schaumige Flüssigkeit vor dem Munde (Ödem). Rasch zunehmende Verschlechterung, Trachealrasseln. Temperatur morgens 37,6, abends gegen 4 Uhr Anstieg auf 40,0° unmittelbar vor dem Exitus.

Autopsie: Leiche eines 1,66 m großen Mannes mit schwach entwickelter Muskulatur und fehlendem Fettpolster. Hautfarbe gelblichgrau. Knöchelgegend und Unterschenkel leicht ödematös. Muskulatur blaßrot, Unterhautzellgewebe überall stark wässerig durchtränkt. Fettgewebe nur in einzelnen Tröpfchen vorhanden. In der Bauchhöhle 750 ccm gelblicher, wässeriger, leicht getrübter Flüssigkeit mit gallertartigen Gerinnselmassen. Netz äußerst fettarm. Bauchfell o. B. Leber mit der Bauchwand verwachsen. In beiden Brusthöhlen geringe Ergüsse. Linke Lunge frei. Rechte Lunge leicht mit der Brustwand verklebt. Im Herzbeutel 100 ccm wässeriger, gelblicher Flüssigkeit. Herz von Faustgröße. Klappen intakt. Beide Kammern ziemlich stark erweitert. Herzmuskulatur blaß-graurötlich, mürbe und brüchig, in sämtlichen Herzhöhlen Blut und Speckgerinnsel.

Linke Lunge sehr blutreich und ödematös, Überzug feucht, glatt und glänzend. Der Überzug der rechten Lunge im Bereich des Mittellappens und des vorderen Teils des Oberlappens mit Faserstoffniederschlägen bedeckt. Die genannten Lungenabschnitte von derber, fast leberartiger Beschaffenheit, auf dem Durchschnitt grünrot, stark gekörnt, beim Darüberstreichen bleiben reichlich Fibrinpfröpfe an der Messerklinge haften. Die übrigen Lungenabschnitte blutreich und ödematös. Schleimhaut der Bronchien dunkelrot, von schleimig-eitrigen Massen bedeckt. Bronchialdrüsen vergrößert. Kehlkopfeingang und Kehldeckel stark ödematös.

Milzmaße 17 : 8½ : 3½, außen von schieferblauer, auf dem Durchschnitt von dunkelgrauer Farbe. Lymphfollikel nicht deutlich, Bälkchenwerk zart und dünn.

Nebennieren auffallend groß. Gewicht je 9 g. Nierenmaße 5½ : 4 cm. Nierenoberfläche glatt. Farbe außen und auf dem Durchschnitt grünrötlich.

Leber an der Konvexität mit der Kapsel verwachsen. Farbe gelblich und bräunlich-rötlich. Zeichnung verwaschen. Konsistenz derb.

Blasenmuskulatur leicht balkig verdickt.

In der Magenschleimhaut einige punktförmige Blutungen. Im Dünndarm an zahlreichen Stellen stark injizierte Gefäße mit blaßroten, etwas verwaschenen Blutaustritten. Dickdarmschleimhaut o. B. Pankreas ziemlich groß, schlaff und weich. Die Anhängsel des Dickdarms stark ödematös und nur Spuren von Fettgewebe enthaltend.

In den Maschenräumen der weichen Hirnhaut leicht gelb gefärbte, trübe, ödematöse Flüssigkeit. Gehirn stark durchfeuchtet, sonst o. B.

Diagnose: Fibrinöse Lungen- und Brustfellentzündung (graue Hepatisation) des rechten Mittellappens und des unteren Teiles des rechten Oberlappens. Blutfülle und Ödem der übrigen Lungenabschnitte. Erweiterung beider Herzkammern. Ödem des Kehlkopfes. Anasarka, Bauchfellwassersucht. Milzschwellung. Punktförmige Blutungen und Gefäßinjektion im Dünndarm, kleine Blutungen im Magen.

Unsere makroskopischen autoptischen Befunde stimmen vollkommen überein mit den Literaturangaben. Paltauf[1]) fand Atrophie sämtlicher Organe, völligen Fettschwund, serös-sulzige Durchtränkung

---

[1]) Wien. klin. Wochenschr. 1917, Nr. 46. Sitzungsber. der k. u. k. Gesellsch. d. Ärzte in Wien 26. X. 1917.

der Gewebe; dabei Fehlen von Anämie. Er betont, daß der Befund der gleiche war, ob nachweisbare Ödeme vorhanden waren oder nicht. Jansen verzeichnet Schwund der Fettdepots, Atrophie der parenchymatösen Organe mit anämischen Blutflecken. Das Lebergewicht betrug 700—900 g. Die Muskulatur war anämisch und braun atrophisch. Hülse erwähnt gleichfalls hochgradige Atrophie und Anämie der Organe; das Fettgewebe ist gering, das Herz nicht erweitert und von kleinem Gewicht. Die Muskulatur ist blaßbraun und schlaff. Gerhartz sah keine Herzerweiterung und sonst normale Organe.

Mikroskopisch ergab sich in unseren Fällen völliges Fehlen oder nur geringe Reste von Fett in den Organen und im interstitiellen Gewebe (Sudanfärbung), ebenso berichtet Jansen. Die von Hülse gesehene häufige fettige Degeneration von Leber und Niere fanden wir nur in geringem Umfange. Auch die Lipoidfärbung ergab ein negatives Resultat. Glykogen konnte mit der Bestschen Methode in Leber und Muskel nicht nachgewiesen werden; Jansen stellt gleichfalls das Fehlen des Glykogens fest. Ebenso wie Jansen sahen auch wir auffallende Schmalheit der Leberzellbalken und Weite der Interstitien. Jansen sah ferner Pigmentanhäufung an den Polen der Zellkerne im Herzmuskel und erwähnt, daß die Epithelien der Gefäße bei den Nieren intakt seien. Auch wir fanden keine Veränderungen an den Nieren. Jansen erwähnt ferner Follikelarmut der Milz und Hülse die normale Beschaffenheit der Nerven.

5. Krankengeschichten[1]).

Fall 1. Sch. 30 Jahre, Landmann.

Anamnese: Früher nie krank. Schwere Arbeit in der Kälte (bis —33° C!). Bereits seit 2 Monaten starke Abmagerung und zeitweise Schwellung der Füße, trotzdem weitergearbeitet. In den letzten 8 Tagen starke Zunahme der Schwellung der Beine, Schmerzen in den Beinen, Husten mit wenig Auswurf. Kein Erbrechen, kein Durchfall. Mußte öfter Urin lassen, besonders des Nachts.

Befund am 7. III.: Großer, magerer Mann mit kräftigem Knochenbau, Körperlänge 1,65 m. Kein Fettpolster. Haut und Drüsen o. B. — Sehr starkes Ödem der Unterschenkel, deutlich nachweisbarer, frei verschieblicher Ascites, kein Hydrothorax. — Lungengrenzen an normaler Stelle, gut verschieblich, überall voller Lungenschall, Vesiculäratmen mit spärlichen trockenen und feuchten Rasselgeräuschen. Geringe Menge eines schleimig-eitrigen Auswurfs ohne Tuberkelbacillen. — Herzdämpfung etwas nach rechts verbreitert. Herztöne rein, keine Geräusche, 2. P. T. nicht akzentuiert. Herzspitzenstoß an normaler Stelle, schwach fühlbar. Puls klein und weich, Frequenz 50 i. d. Min. Blutdruck 60—85 mm Hg. Hgl. = 100%. Erythrocyten = 3 400 000. Leukocyten = 5100. Serumeiweiß = 3,94%!! — An den Bauchorganen kein krankhafter Befund. Leber und Milz nicht vergrößert. Urin frei. — Nervensystem: Patellar- und Achillessehnenreflex positiv, aber schwer auslösbar. Druckempfindlichkeit der Nervenstämme an den Unterschenkeln; sonst o. B. Lassègue negativ; Romberg negativ.

[1]) Wir bringen hier aus unserem großen Material nur die Krankengeschichten derjenigen Patienten, bei denen besondere Untersuchungen vorgenommen wurden.

8. III. Ödem noch stark. Bd. = 60—85 mm Hg. Eiweißgehalt des Blutes 4,0% (refraktometrisch!).

9. III. Ödem noch stark. Bd. = 60—85. Urinmenge 2700 ccm.

10. III. Urinmenge 4300 ccm. Serumeiweiß = 4,2%.

11. III. Urinmenge 3800 ccm.

13. III. Urinmenge 2700 ccm. Temperaturanstieg auf 38,6°. Starke Zunahme der Bronchitis, einzelne bronchopneumonische Herde. Puls trotz der Temperatursteigerung 40.

14. III. Blutdruck 60—75 mm Hg. Puls 48. Serumeiweiß = 4,5%. Ascites und Ödem stark abgenommen. Temperatur noch 37,8°. Bronchitis noch stark. Sputum o. B.

15. III. Blutdruck 95—110 mm Hg. Urinmenge 3040 ccm. Temperatur wieder normal. Körpergewicht 46 kg.

16. III. Urinmenge 2950 ccm. Serumeiweiß = 4,94%. Einleitung einer Digitaliskur. Digipurat 4× 0,1. — Beginn eines Stoffwechselversuchs. Die reichlich bemessene eiweißreiche Ernährung wird zunächst sehr schlecht vertragen. Es stellen sich stark stinkende, dünne Stühle und Erbrechen ein, so daß auf mehr flüssige Kost für die nächsten Tage zurückgegriffen werden muß, die dann langsam gesteigert wird. Stoffwechselversuch siehe später. Körpergewicht bei Beginn des Versuches 46 kg (Größe 1,65 m = 19 kg Defizit). Ödem nur noch an den Knöcheln schwach nachweisbar. — Hgl. = 100% (korr.). Erythrocyten = 3 400 000. Leukocyten = 5100.

17. III. Urinmenge 2830 ccm. Puls 70. Bd. = 60—80 mm Hg.

18. III. Bd. = 60—75. Urinmenge 2580 ccm.

19. III. Bd. = 70—100. Urinmenge 2170 ccm. Puls 72. Serumeiweiß 5,03%. Ödem nicht mehr nachweisbar.

20. III. Bd. = 80—95. Urinmenge 2375 ccm.

22. III. Bd. = 80—95. Digitalis abgesetzt auf 2,1 g Gesamtdosis.

23. III. Bd. = 60—80. Urinmenge 2580 ccm (Urinmengen siehe weiter spätere Tabelle). Serumeiweiß 6,02%.

24. III. Körpergewicht 52,5 kg. Zunahme 6 kg. Keine Bronchitis mehr.

26. III. Bd. = 70—85. Keine Bronchitis. Allgemeinbefinden gut. Am 25. und 26. leichte subfebrile Temperatur.

27. III. Serumeiweiß 6,08%.

28. III. Bd. = 70—85. Körpergewicht 52 kg. Hgl. = 100%.

30. III. Bd. = 70—85. Puls 52.

2. IV. Serumeiweiß 6,68%. Körpergewicht 51 kg. Bd. = 60—80. Puls 60.

7. IV. Bd. = 75—90. Puls 64. Serumeiweiß 6,86%.

15. IV. Serumeiweiß 7,4%.

30. IV. Serumeiweiß 8,5%. Körpergewicht 55,5 kg.

2. V. Bd. = 85—100. Puls 74.

5. V. Serumeiweiß 8,9%. Erythrocyten = 4 670 000. Leukocyten = 7200.

8. V. Bd. = 85—100.

20. V. Bd. = 85—95. Hgl. = 93%. Serumeiweiß 8,5%. Körpergewicht 56,3 kg.

Fall 2. Kop., Landwirt, 31 Jahre.

Anamnese: Als Kind gesund, hatte mit 19 Jahren ausgebreitete „Furunculose“. 1915 zuerst geschwollene Beine; seitdem mit Unterbrechungen öfter Rückfälle. 1916 im Schützengraben Fieber, vermutlich Malaria. Seit 7 Wochen Schmerzen und Schwäche in den Beinen, seit 4 Wochen Schwellung der Unterschenkel. Trotzdem arbeitete er bis heute.

Befund am 2. III. 17: Temperatur 36,6°. Sehr magerer Mann ohne jedes Fettpolster. — Starkes Ödem der Unterschenkel bis zu den Oberschenkeln. Kein Gesichtsödem. — Lunge: Hochstehende Grenzen, gute Verschieblichkeit, voller Klopfschall, rauhes Atmen und vereinzelt Giemen. — Herz: wenig nach rechts verbreitert, Spitzenstoß an normaler Stelle. Töne rein. — Vagusdruckversuch negativ. Puls 36—38 i. d. Min. Blutdruck 80—100. — Abdomen: Sehr starker Meteorismus, nur ganz kleine Leberdämpfung. Milz nicht vergrößert. Leber und Milz nicht fühlbar. Ascites leichten Grades. — Nervensystem: Patellarreflexe und die übrigen Reflexe normal. Waden, namentlich Tibialgegend, druckempfindlich, Lassègue negativ, Sensibilität intakt. — Urin: frei von Zucker und Eiweiß, kein Sediment.

3. III. Temp. 36,1°, Respiration 14. Puls 42. Blutdruck 70—90. Hämoglobin 108%. Leukocyten 5400, Erythrocyten 4 320 000. Serumeiweiß 5,36%. Adrenalinversuch siehe später.

4. III. Puls 54. Bd. = 45—65. Herz o. B. Kein Ascites mehr. Serumeiweiß 5,27%.

5. III. Bd. = 70—100.

7. III. Seit 3. III. große Urinmengen zwischen 3000 und 4000 ccm, spez. Gewicht 1010—1014. Nie Zucker, nie Eiweiß, nie Sediment. Bd. = 60—80. Puls 63. Ödeme verschwunden. Temperatur normal.

9. III. Bd. = 60—80. Serumeiweiß 5,25%.

13. III. Bd. = 50—75. Körpergewicht 42,5 kg bei 1,63 m Größe.

19. III. Bd. = 50—70.

26. III. Bd. = 70—95. Puls 70. Serumeiweiß 5,34%.

30. III. Bd. = 60—75. Puls 60.

2. IV. Serumeiweiß 5,49%.

6. IV. Bd. = 65—80. Hgl. 68%.

7. IV. Körpergewicht 50 kg, Serumeiweiß 6,64%.

16. IV. Bd. = 70—96. Puls 60. Gewicht 52,5 kg.

21. IV. Hgl. 70%. L. 6500. E. 4 460 000.

30. IV. Bd. = 100—110. Puls 74. Gewicht 55 kg.

5. V. Serumeiweiß 8,39%.

20. V. Bd. = 80—100. Puls 72. Gewicht 54,7 kg. Hgl. 93%. Serumeiweiß 8,75%.

Die Temperatur war während der ganzen Beobachtungsdauer normal. Der Kranke wurde mit Fettzulage in Stoffwechsel gesetzt (siehe später).

Fall 3. P., 23 Jahre, Schreiber.
Anamnese: Keine Kinderkrankheiten; vor einigen Jahren Lungenentzündung. Vor 1 Jahr litt Pat. an derselben Krankheit wie jetzt. Bei großer Kälte schwere Arbeit im Freien. Die jetzige Erkrankung begann vor 8 Tagen mit starker Anschwellung der Beine und mit Schmerzen in den Fußgelenken und in den Beinen. Er arbeitete bis zum Tage der Aufnahme. Die Anschwellung der Beine nahm dabei stark zu. Vor dem Auftreten der Beinschwellung litt Pat. etwa 7 Tage lang an Durchfall. Die Stühle waren hellgelb, ohne Beimengung von Blut und Schleim.

Befund am 7. Il. 17: Mittelgroßer Mann in sehr schlechtem Ernährungszustand, Fettpolster nicht nachweisbar, Haut schlaff und in Falten abhebbar. Muskulatur schlaff. Keine Hautexantheme, keine Drüsenschwellungen. — Gesicht, besonders in der Umgebung der Augen, und die Augenlider sind ödematös geschwollen, auch die Handrücken sind ödematös verdickt, starke wassersüchtige Anschwellung der Knöchelgegend und der Unterschenkel bis zu den Knien, kein Ascites, kein Hydrothorax. — An Kopf und Halsorganen sonst nichts Krankhaftes. — Lungengrenzen an regelrechter Stelle, gut verschieblich. Atmung vesiculär, begleitet von trockenen und feuchten bronchitischen Geräuschen. Geringe Menge eines schleimig-eitrigen Auswurfes. — Herzdämpfung ist regelrecht, die Herztöne sind rein, an allen Ostien die zweiten Töne etwas betont. Keine Geräusche. Puls sehr klein und weich, regelmäßig, die Pulsfrequenz beträgt nur 36 Schläge i. d. Min. Blutdruck 80—105 mm Hg. Puls auch nach dem Aufsitzen langsam und kaum fühlbar. — An den Bauchorganen nichts Krankhaftes. Milz und Leber nicht vergrößert. — Nervensystem regelrecht, Reflexe regelrecht. Nur über den stark ödematösen unteren Extremitäten ist im Bereich des Ödems die Schmerzempfindung etwas herabgesetzt. — Im Urin kein Eiweiß, kein Zucker; Sediment o. B. Urinmenge 4 l. — Stuhl regelmäßig von normaler Konsistenz und Farbe. — Adrenalinversuch (s. Tab. 12) bleibt ohne wesentlichen Einfluß auf Blutdruck und Pulszahl.

8. II. Blutdruck auf 70—90 mm Hg gesunken. 24 stündige Urinmenge 4 l.

9. II. Bd. = 70—90. Pulsfrequenz steigt langsam etwas an.

11. II. Bd. = 90—100. Puls 42 i. d. Min. Blut: Erythrocyten 3 460 000, Leukocyten 8200, Neutrophile 62,8%, Lymphocyten 33,8%, Eosinophile 0,4%, Mononucleäre 3%. Im Blutausstrich und dicken Tropfen keine Parasiten.

12. II. Ödem des Gesichts ist geschwunden, auch die Unterschenkelödeme sind stark zurückgegangen. Bd. = 90—110. Pulsfrequenz steigt nur sehr langsam an. Urinmenge 4 l. Darreichung von Digipurat 4 mal 0,1. Regelrechte Digitaliskur beginnt.

13. II. Enorme Harnflut von 7,3 l. Ödeme geschwunden. Pulszahl steigt langsam weiter an. Bd. = 100—120.

14. II. Diurese hält weiter an, 6,7 l. Bd. = 100—120. Pulsfrequenz steigt auf 60—62 i. d. Min.

15. II. Diurese gut. Es treten heute hellgelbe, dünnflüssige Stühle auf, 5 bis 6 mal am Tage, ohne Blut und Schleim, bakteriologisch auf Ruhr negativ.

16. II.
17. II. } Durchfälle halten noch an.

18. II. Durchfall geschwunden. Bd. = 100—120. Körpertemperatur war bis auf einzelne kleine Temperaturerhebungen bis auf 37,5° immer normal.

Fall 4. Sch., 21 Jahre alt.

Anamnese: Keine Kinderkrankheiten, später Fleckfieber, vor Jahren Ruhr. Während des Krieges keine besonderen Krankheiten mit Ausnahme einer Ruhr. Schwere Arbeiten (Bahnbau) bei großer Kälte und in unzureichender Kleidung. Erkrankte jetzt plötzlich vor einigen Tagen mit Anschwellung der Beine ohne besondere Schmerzen, nur allgemeine Schwäche. In den nächsten Tagen nahmen die Anschwellungen zu, es stellten sich Schmerzen in den Beinen ein, außerdem Husten und Auswurf. Keine Magendarmstörungen. Nicotin-, Alkoholabusus negiert. Infect. sex. negiert.

Befund am 24. I. 17: Kleiner, sehr magerer Mann mit stark reduziertem Fettpolster und schlaffer Haut, blasser Gesichtsfarbe. Kein Exanthem, keine Drüsenschwellungen. Die Unterschenkel sind bis zu den Knien hochgradig ödematös. Gesichtsödem fehlt. Kein Ascites, kein Hydrothorax. Kopf- und Halsorgane regelrecht. — Lungengrenzen sind an normaler Stelle und gut verschieblich. Das Atemgeräusch ist vesiculär und frei von Nebengeräuschen. — Herzdämpfung ist von normaler Größe, die Herztöne sind rein. Die Pulsfrequenz beträgt 60 Schläge i. d. Min., der Puls ist klein und weich. Blutdruck 80 bis 100 mm Hg. — An den Bauchorganen kein krankhafter Befund; Milz und Leber nicht vergrößert. — Die Waden und die Nervendruckpunkte am Unterschenkel sind auf Druck überempfindlich. Keine Störungen der Motilität und Sensibilität. Reflexe regelrecht. — Im Urin kein Eiweiß, kein Zucker. Sediment o. B. Urinmenge am Tage der Aufnahme sehr gering, 200 ccm; steigt in den nächsten Tagen auf 2 l. Ödeme gehen rasch zurück.

25. 1. Urinmenge 500 ccm.

26. 1. 24 stündige Urinmenge 2100 ccm.

27. 1. 24 stündige Urinmenge 1000 ccm.

28 I. 24 stündige Urinmenge 1800 ccm.

29. I. Ödem geschwunden.

Die Körpertemperatur war während der Beobachtung dauernd normal.

Fall 5. A., 34 Jahre, Tischler.

Anamnese: Früher gesund. Hat bereits dreimal seit Beginn des Krieges an Anschwellung der Beine gelitten. Niemals Ruhr, keine sonstigen fieberhaften Erkrankungen. Beginn der jetzigen Erkrankung vor 8—10 Tagen mit Anschwellung der Beine, allgemeiner Mattigkeit und mit Schmerzen in den Beinen. Kein Durchfall.

Befund: Ziemlich kleiner, sehr magerer Mann mit geringer Muskulatur und mangelndem Fettpolster. Cyanose des Gesichts, hochgradiges Ödem beider Unterschenkel, auch die Oberschenkel ödematös verdickt. Kein Ascites, kein Hydrothorax, kein Gesichtsödem. Kein Hautausschlag. Schwellung der Schenkeldrüsen beiderseits. — Lungengrenzen an normaler Stelle, gut verschieblich. Vesiculäratmen mit diffusen feuchten und trockenen Rasselgeräuschen. — Herz: Relative Dämpfung nach rechts 2—3 Querfinger breit vom rechten Sternalrand, links normal. Herztöne leise und rein. — Puls klein und weich, Frequenz 50 i. d. Min. Blutdruck 90—100 m̧m Hg. — Bauchorgane o. B. Milz und Leber nicht vergrößert. — Im Urin nichts Pathologisches. — Nervensystem o. B.

24. I. Gesicht noch cyanotisch, Ödem noch stark. Urinmenge 2400 ccm.

25. I. Urinmenge 1700 ccm. Ödem geht zurück. Kochsalzversuch siehe später.

26. I. Herzdämpfung reicht nur noch 2 Fingerbreit über den rechten Sternalrand. Urinmenge 2500 ccm. Puls 48.

27. I. Urinmenge 2500 ccm. Ödem wesentlich geringer.

28. I. Urinmenge 3600 ccm. Puls 56.

29. I. Ödem nicht mehr nachweisbar. Herzdämpfung nicht mehr vergrößert. Urinmenge 2700 ccm. Puls 60. Schmerzen in den Beinen, besonders in den Unterschenkeln. Druckempfindlichkeit der Wadenmuskulatur und der Nervendruckpunkte (bes. Tibialis). Reflexe regelrecht.

Während der Beobachtung war die Körpertemperatur stets normal.

Fall 6. T., 24 Jahre, Landwirt.

Anamnese: Als Kind nie krank. Vor dem Krieg Fleckfieber. Während des Krieges Ruhr. Erkrankte vor einigen Tagen an Anschwellung der Beine, des Rückens, des Scrotums; auch die Augenlider waren geschwollen; dabei kein besonderes Krankheitsgefühl. Schlaf gut. Appetit gut. Kein Fieber. Keine Nachtschweiße. Kein Erbrechen, keine Leibschmerzen, aber etwas Durchfall. Der Kranke gibt an, dieselbe Krankheit schon einmal vor 4 Jahren gehabt zu haben. Schwerhörigkeit. Brustschmerzen, Husten und Auswurf. Bei Nacht läßt er mehr Urin als bei Tage.

Befund am 22. I. 17: Mittelgroßer Mann. Große Magerkeit. Rachen- und Mundorgane o. B. Kein Exanthem. Schwache, schlecht entwickelte Muskulatur. Lidödem, Ödem des Rückens, besonders der unteren Partien, leichtes Ödem der Oberschenkel, starkes Ödem der Unterschenkel. Leichter Ascites. — Lungengrenzen etwas erweitert, starke Bronchitis, Klopfschall überall voll, nirgends Dämpfung. — Herzdämpfung normal, Töne rein, Spitzenstoß schwach, an normaler Stelle fühlbar. Puls 52, klein, weich, leicht unregelmäßig, Blutdruck 50—65 mm Hg. — Leber und Milz o. B. — Bauchdecken- und Cremasterreflexe lebhaft, Patellar- und Achillessehnenreflexe normal. Babinski negativ. Druck auf die Wadengegend, besonders Tibialis schmerzhaft, keine Ischiassymptome. — Urin frei von Zucker und Eiweiß. Kein Sediment.

22. I. Urinmenge der letzten 24 Stunden 800 ccm mit spez. Gew. 1016.

23. I. Urinmenge steigt, 1800/1016. Ödeme etwas geringer. Ascites gering. aber noch nachweisbar. Adrenalinversuch (s. Tab. 15).

24. I. Trotz Kochsalzzufuhr Ödeme stark abgenommen. Urinmenge 2900/1013. Strophanthinversuch (s. Tab. 22).

25. I. Kochsalzausscheidung verschleppt (Kochsalzversuch s. später).

29. I. Ödeme verschwunden, kein Ascites mehr nachweisbar. Bronchitis noch intensiv vorhanden. Druckempfindlichkeit der Nerven wie oben. Urin stets ohne Eiweiß und Zucker, nie Sediment. Blut: Leukocyten 8200, Erythrocyten 4 760 000; Auszählung ergibt normale Werte. Im gefärbten Blutpräparat keine Parasiten.

31. I. Blutdruck 60—70.

1. II. Blutdruck = 50—55.

3. II. Bronchitis noch erheblich. Keine Ödeme. Blutdruck = 70—85.

4. II. Drüsenschwellung, linke und rechte Submaxillargegend. Will das öfter gehabt haben.

Die Temperatur war während der ganzen Beobachtungszeit schwankend zwischen 36,4 und 38,5°, einmal erreichte sie 39,2°. Keinerlei Typus. Der Puls schwankte parallel der Temperatur zwischen 50 (bei 36,4°) bis 78 (bei 39,2°), resp. 88 (bei 38,5°). Sobald aber die Temperatur unter 37 sinkt, ist der Puls stets niedrig. Die Temperatursteigerung ist wohl Folge der starken anhaltenden Bronchitis.

Fall 7. S., 20 Jahre, Schlosser.

Anamnese: Früher nie krank, nie Ruhr. Schwere Arbeit bei großer Kälte im Freien (Bahnbau). Erkrankte vor einigen Tagen mit Schmerzen in den Beinen und mit Anschwellung der Unterschenkel und Füße. Keine sonstigen Beschwerden, kein Durchfall.

Befund am 9. II. 17: Große Magerkeit, mangelndes Fettpolster. Muskulatur schlaff. Hochgradige Ödeme der Unterschenkel, kein Ascites, kein Hydrothorax, Gesichtsödem mäßig stark, Ödem der Hände. — Lungengrenzen an normaler Stelle, gut verschieblich, verschärftes Vesiculäratmen, diffuse trockene und feuchte Rasselgeräusche. — Herz: Relative Dämpfung nach rechts bis 2 Querfinger breit rechts vom rechten Sternalrand, sonst regelrecht. Herztöne rein, zweite Töne betont, keine Herzgeräusche. Puls weich, von mittlerer Füllung, regelmäßig, Frequenz 60 i. d. Min. Blutdruck 70—90 mm Hg. — Abdominalorgane o. B., Milz und Leber nicht vergrößert. — Nervensystem o. B. bis auf leichte Druckempfindlichkeit der Nervendruckpunkte an den Unterschenkeln. — Urin frei von Eiweiß und Zucker. Sediment o. B.

10. II. Puls unverändert langsam. Ödem fast völlig ausgeschieden.

13. II. Bd. = 60—75. Puls 48. Strophanthinversuch (siehe Tabelle 18) ohne besonderen Einfluß auf Pulszahl und Blutdruck. Ödem verschwunden.

14. II. Bd. = 60—75. Puls 46. 4mal tägl. 0,2 Coffein subcutan.

15. II. Bd. = 80—100. 4 mal tägl. 0,2 Coffein subcutan.
16. II. Bd. = 70—90.
Die Körpertemperatur ist während der Beobachtungszeit stets normal..

Fall 8. S.
Anamnese: Früher nie krank. Hat vor 4 Monaten bei der Truppe an Durchfall gelitten. Arbeitete in den letzten Wochen schwer bei großer Kälte. Seit 8 Tagen beginnen die Beine anzuschwellen, gleichzeitig auch Schmerzen in den Beinen, kein Durchfall.

Befund am 29. I. 17: Schmächtiger Mann in sehr schlechtem Ernährungszustand, mit geringer Muskulatur, schlaffer, in Falten abhebbarer Haut; Fettpolster mangelt völlig. Mäßig starke Ödeme in der Knöchelgegend, kein Ascites, kein Hydrothorax, kein Gesichtsödem. — Lungengrenzen tiefstehend (hinten unten beiderseits am XII. B.-W.), bei der Atmung schlecht verschieblich. Atmungsgeräusch verschärft und verlängert, leichte trockene und feuchte bronchitische Geräusche beiderseits. — Herzdämpfung von normaler Größe, Herztöne rein, die zweiten Töne etwas akzentuiert. Puls weich und klein, Frequenz 58 i. d. Min. Blutdruck 50—75 mm Hg. — Bauchorgane regelrecht. Milz und Leber nicht vergrößert. — Im Urin chemisch und mikroskopisch kein pathologischer Befund. — Nervensystem: Patellarreflexe sehr lebhaft. Starke Schmerzen bei Druck auf die Nervenstämme, besonders die Druckpunkte der Unterschenkel (N. tibialis).

30. I. Puls 48. Urinmenge 1200 ccm.
31. I. Puls 44. Bd. = 90—100 mm Hg. Urinmenge 2800 ccm.
1. II. Puls 60. Bd. = 70—80. Urinmenge 2000 ccm.
2. II. Puls 90. Temperatur 37,5°. Bd. = 70—80. Urinmenge 3000 ccm.
3. II. Puls 58. Bd. = 50—75. Ödem geschwunden. Blut: Erythrocyten 4 100 000, Leukocyten 8000, Neutrophile 50%, Lymphocyten 47,3%, Große Mononucleäre 2,3%, Eosinophile 0,3%. Im Ausstrich und dicken Tropfen kein pathologischer Befund an Mikroorganismen.
8. II. Adrenalinversuch (s. Tab. 10).
9. II. Puls 56. Bd. = 60—80.
10. II. Puls 54. Bd. = 80—100; außer Bett!
11. II. außer Bett. Bd. = 70—85. Puls 58.
12. II. Puls 52. Bd. = 50—60.
Die Körpertemperatur war stets normal.

Fall 9. Sch., 19 Jahre.
Anamnese: Als Kind Masern und Scharlach; spätere Erkrankungen: vor dem Kriege Fleckfieber, sonst stets gesund. In letzter Zeit schwere Arbeit (Bahnarbeit) in starker Kälte und ungenügender Bekleidung. Er erkrankte ziemlich plötzlich vor 8 Tagen mit allgemeiner Mattigkeit sowie Anschwellung der Beine und des Gesichts. Außerdem traten Brustschmerzen sowie Husten und Auswurf auf. Nachtschweiße bestanden nicht. Kein Erbrechen, keine Leibschmerzen, kein Durchfall. Appetit gut. Alkohol- und Nicotinabusus negiert, ebenso Infect. sex.

Befund am 24. I. 17: Mittelgroßer schlanker Mann, große Magerkeit. Haut überall schlaff, läßt sich in Falten abheben. Fettpolster gering, schwach entwickelte Muskulatur. Beide Unterschenkel stark ödematös verdickt; das Ödem reicht in geringerem Grade bis zur Mitte der Oberschenkel. Am linken Unterschenkel ein schuppendes Ekzem. Keine Ödeme des Gesichts. — Kopf- und Halsorgane zeigen regelrechten Befund. — Lungengrenzen an normaler Stelle, gut verschieblich. Klopfschall sonor, Atmungsgeräusch verschärft, überall diffuse

giemende sowie feuchte, klein- bis mittelblasige Rasselgeräusche. — Herzdämpfung
(relativ und absolut) von normaler Größe. Herztöne sind rein, an der Spitze ist
der zweite Ton etwas betont. Geräusche bestehen nicht. Der Puls ist klein und
weich, sehr leicht unterdrückbar und sehr langsam. Die Pulsfrequenz beträgt
nur 42 Schläge i. d. Min. Der Puls ist bei Bettruhe regelmäßig und gleichmäßig. —
An den Bauchorganen besteht kein besonderer krankhafter Befund. Leber
und Milz sind perkutorisch nicht vergrößert. Es besteht kein Ascites. — Peri-
pheres und zentrales Nervensystem ohne Veränderungen. Keine Störungen der
Motilität und Sensibilität. Haut- und Sehnenreflexe regelrecht. — Im Urin
kein Eiweiß, kein Zucker. Urinmenge anfangs vermindert bei hohem spez. Gew.
Kochsalzretention (Kochsalzversuch siehe später). Mikroskopisch im Urin kein
pathologisches Sediment. Urinmenge 800, spez. Gew. 1017.

26. I. Die langsame Pulsfrequenz hält an. Das Ödem geht sehr langsam
zurück. Urinmenge steigt sehr langsam an. Bd. = 90—100 mm Hg.

27. und 28. I. Täglich je 3 dünnbreiige hellgelbe Stühle ohne Beimengung
von Schleim und Blut.

29. I. Ödem stark zurückgegangen. Urinmenge nunmehr 2300 ccm, spez.
Gew. 1010. Starke Druckempfindlichkeit der Wadenmuskulatur und
des Druckpunktes des N. tibialis.

30. I. Ödem verschwunden.

31. I. Pulsfrequenz steigt langsam an.

Die Körpertemperatur war während der Beobachtung stets normal.

Fall 10. M.

Anamnese: Früher nie krank bis auf Durchfälle vor 4 Wochen, dünner
Stuhl mit Blut untermischt, Dauer 3 Tage. Schwere Arbeit bei großer Kälte
(bis —33° C). Seit einigen Tagen fühlt sich Pat. schlaff und müde, die Beine
schwellen allmählich an, gleichzeitig leichte Schmerzen in den Füßen.

Befund am 29. I. 17: Hochgradige Magerkeit, Schwund des Fettpolsters.
Schlaffe Muskulatur. Sehr starke Ödeme der Unterschenkel bis zum Knie,
kein Ascites, kein Hydrothorax, kein Gesichtsödem. — Haut und Schleimhäute
o. B. Keine Drüsenschwellung. — Lungengrenzen an normaler Stelle, verschieblich. Normales Atemgeräusch. — Herzgrenzen nicht verbreitert, Herztöne rein. Puls klein und weich, sehr langsam, 44 Schläge i. d. Min. Blutdruck
50—70 mm Hg. — Bauchorgane ohne krankhaften Befund. Milz und Leber
nicht vergrößert. Bauchdeckenreflex normal. — Im Urin kein Eiweiß, kein
Zucker, Sediment o. B. — Nervensystem: Motilität und Sensibilität intakt.
Die Patellar- und Achillessehnenreflexe sind nicht auslösbar.

30. I. Blut: Erythrocyten 3 850 000, Leukocyten 7200. Abends 7 Uhr
Atropinversuch ohne Erfolg (s. Tab. 5).

31. I. Bd. = 80—90. Puls schwankend, morgens zwischen 70—80 Schlägen,
abends um 50 herum. Urinmenge 1900 ccm. Ödem wird geringer.

1. II. Bd. = 60—70. Puls zwischen 50 und 60 Schlägen i. d. Min. Urinmenge steigt auf 2600 ccm.

2. II. Puls sinkt auf 44 Schläge. Urinmenge 3600 ccm.

3. II. Ödem bis auf geringe Reste ausgeschieden. Urin stets frei von Eiweiß.
Puls 50. Bd. = 55—75. Adrenalinversuch (siehe Tab. 8).

4. II. Puls 40. Bd. = 60—80. Strophanthinversuch (s. Tab. 20).

5. II. Puls 44. Bd. = 60—80. Ödem völlig geschwunden.

6. II. Puls 46. Bd. = 60—80.

7. II. Nachdem Pat. 6 Stunden außer Bett war, beträgt die Pulsfrequenz 66,
der Blutdruck 50—75.

Die Körpertemperatur war während der Beobachtung stets normal.

Fall 11. Sch., 19 Jahre, Landmann.

Anamnese: Früher nie krank. Schwere Arbeit bei großer Kälte. Hat nie Ruhr gehabt. Beginn der jetzigen Erkrankung vor 1 Woche mit zunehmender Anschwellung der Beine, allgemeiner Mattigkeit und Schlappheit und Schmerzen in den Unterschenkeln. Keine Magenstörungen.

Befund am 2. II.: Kleiner Mann mit gracilem Knochenbau; sehr starke Magerkeit. Fettpolster nicht mehr nachweisbar, Muskulatur schlaff; Haut läßt sich in Falten abheben. Starkes Ödem des Gesichts, starkes Ödem der Knöchelgegend, kein Ascites, kein Hydrothorax. — Haut und Schleimhäute o. B. Keine Drüsenschwellung. — Lungengrenzen an normaler Stelle, gut verschieblich, leichte Bronchitis. — Herzgrenzen: relative Dämpfung 2 Finger nach rechts vom rechten Sternalrand, sonst regelrecht. Herztöne rein, keine Geräusche. Herzaktion regelmäßig. Puls klein und weich. Frequenz 66 i. d. Min. Blutdruck 70—90 mm Hg. — Milz und Leber nicht vergrößert. — Im Urin nichts Pathologisches. — Patellarreflexe nicht auslösbar. Druckempfindlichkeit der Nervendruckpunkte an den Unterschenkeln und des N. femoralis.

3. II. Ödem etwas geringer.

4. II. Gesichtsödem noch vorhanden, Knöchelödem geschwunden. Puls 52. Blutdruck 60—85 mm Hg. Strophanthinversuch (s. Tab. 19).

6. II. Puls 48. Bd. = 70—95. Adrenalinversuch (s. Tab. 14). Ödem nicht mehr nachweisbar.

7. II. Puls 48. Bd. = 60—75. Noch starke Druckempfindlichkeit des N. femoralis und tibialis. Patellarreflexe positiv.

8. II. Blut: Erythrocyten 3 470 000, Leukocyten 8800, Neutrophile 66%, Lymphocyten 28,3%, Große Mononucleäre 4,8%, Eosinophile 0,9%. Im Blutausstrich und im dicken Tropfen keine Parasiten.

9. II. Puls 48. Bd. = 80—100.

10. II. Bd. = 80—100.

12. II. Bd. = 80—95.

Die Körpertemperatur war während der Versuchszeit stets normal.

Fall 12. B., 22 Jahre, Landmann.

Anamnese: Früher gesund. Beginn der jetzigen Erkrankung vor 8 Wochen mit Kopfschmerzen, Schmerzen in den Knien und in den Unterschenkeln, Husten, allgemeiner Mattigkeit und Müdigkeit. Gleichzeitig trat Schwellung der Beine und des Gesichtes auf. 14 Tage nach Beginn der Erkrankung trat Nachtblindheit auf. Schwere Arbeit im Freien bei großer Kälte.

Befund am 4. V.: Starke Magerkeit, kein Fettpolster, leidliche Muskulatur. Jetzt keine Ödeme mehr. Es besteht noch Nachtblindheit. — Lungen: grobe Bronchitis diffusa. — Herz normal. Blutdruck 65—85 mm Hg. Puls im Liegen 48, im Stehen 68, nach 5 Kniebeugen 64. — Bauchorgane o. B. Milz, Leber nicht vergrößert. — Reflexe regelrecht, keine Sensibilitätsstörungen. Pupillenreaktion normal. — Im Urin keine pathologischen Bestandteile. Aceton und Acetessigsäure negativ. Sediment o. B.

5. V. Puls 48. Bd. = 65—82. Serumeiweiß 7,49%.

7. V. Bd. = 65—85.

15. V. Puls 60. Bd. = 80—92. Stoffwechselversuch mit Vitaminzulage.

16. V. Bd. = 80—90.

19. V. Blut: Erythrocyten 5 910 000, Leukocyten 5200, Hämoglobin 87%.

20. V. Serumeiweiß 8,28%. Bd. = 80—90.

23. V. Bd. = 80—95.

Fall 13. Sch.

Anamnese: Vor 2 Monaten Durchfall, 10 mal am Tage etwa 10 Tage lang ohne Blut und Schleim. Jetzt seit einigen Tagen Schmerzen in den Beinen und Schwellung. Kein Durchfall.

Befund am 28. I. 17: Temperatur 36,2°. Puls 50. Mittelgroßer, sehr schmächtiger, magerer Mann. Haut ziemlich schlaff. An beiden Schulterblättern vom Tragen schwerer Gegenstände blaurote Druckstelle. Ziemlich starkes Gesichtsödem, Unterschenkel und Füße stark ödematös geschwollen. — Lungengrenzen normal. Diffuse Bronchitis. Klopfschall überall sonor. — Herz o. B. Puls ziemlich weich, regelmäßig, 50 Schläge i. d. Min. Blutdruck 60—80 mm Hg. — Kein Ascites. Leber und Milz o. B. — Starke Druckempfindlichkeit der Waden, besonders der Nervendruckpunkte. Kein Lassègue, Reflexe lebhaft. — Urin frei von Eiweiß und Zucker, kein Sediment.

29. I. 24 stündige Urinmenge 1400 ccm. Blut: Leukocyten 4300, Erythrocyten 5 940 000. Auszählung: Polynucleäre 72,7%, Lymphocyten 23,7%, Eosinophile 0,9%, Große Mononucleäre 3,2%. Im Blutabstrich und dicken Tropfen keine Parasiten. Adrenalinversuch (s. Tab. 13).

31. I. Bd. = 70—85. Urinmenge 3000 ccm.

3. II. Ödeme gering, kaum noch zu erkennen. Puls 42. Bd. = 60—80.

6. II. Puls 52. Bd. = 60—80. Nach Aufstehen Puls 50, nach 10 Kniebeugen Puls 64; Bd. = 60—75. Strophanthinversuch (s. Tab. 21).

7. II. Außer Bett Puls 80, Bd. = 60—90. Temperatur immer unter 37°. Die Körpertemperatur war während der Beobachtung dauernd normal.

Fall 14. Sch.

Anamnese: Vor 3 Monaten Durchfall, 5—6 mal am Tage, 10 Tage lang, ohne Blut. Seit einigen Tagen Schmerzen in den Beinen und Anschwellung. Kein Durchfall.

Befund am 28. I. 17: Temperatur 37,6°. Mittelgroß, sehr mager, schwache Muskulatur. Furunkeln an der rechten Unterkiefergegend und am Nacken. Gesicht und Oberschenkel leicht, Unterschenkel und Füße schwer ödematös geschwollen. Pupillenreaktion normal. Starke Druckempfindlichkeit der Unterschenkelnerven (Wadengegend). Hauthyperalgesie an den Unterschenkeln. — Lungengrenzen und Klopfschall normal. Starke Bronchitis. — Herzgrenzen normal. Töne rein. Puls zwischen 50 und 60 i. d. Min., regelmäßig. Blutdruck 80—100 mm Hg. — Leber und Milz o. B. Kein Ascites. — Bauchreflexe und Cremasterreflexe lebhaft. Patellar- und Achillessehnenreflexe schwach vorhanden.

29. I. Urinmenge 1000 ccm. Temperatur 36,8°. Puls 55.

1. II. Urinmenge 1000/1012. Ödeme geringer. Temp. 36,6°. Puls 54.

2. II. Urinmenge 2200/1007.

3. II. Urinmenge 4000/1011. Ödeme ganz gering. Puls 56. Temp. 36,5°. Blutdruck 50—70 mm Hg (kaltes Zimmer). Blut: Leukocyten 9000, Erythrocyten 3 740 000. Auszählung: Polyn. 75%, Lymphocyten 19,8%, Eosinophile 1,3%, Große Mononucleäre 2,6%. Im Blutausstrich und dicken Tropfen keine Parasiten.

6. II. Puls 50.

9. II. Puls 46. Temperatur dauernd normal. Geringe Bronchitis. Keine Ödeme.

Fall 15. M., 24 Jahre, Diener.

Anamnese: Schwere Arbeit bei großer Kälte. Seit einigen Tagen erkrankt mit Schmerzen in den Beinen und Anschwellung derselben.

Befund am 23. I. 17: Kräftiger Mann mittlerer Größe in mittlerem Ernährungszustand. Geringe Cyanose. Mäßige Vergrößerung der Rachenmandel; sonst Rachen- und Mundhöhle o. B. Kein Exanthem. Leichtes Gesichtsödem, an Oberschenkeln wenig, an den Unterschenkeln starkes Ödem. — Lungengrenzen normal, gut verschieblich. Atemgeräusch rauh, starkes Giemen. Normaler Klopfschall. — Herzdämpfung nicht vergrößert. Spitzenstoß im 5. Intercostalraum innerhalb der Mamillarlinie. Töne rein. Puls gut gefüllt, regelmäßig, 48 i. d. Min. Blutdruck 80—100 mm Hg. — Leber in normalen Grenzen, Milz nicht vergrößert. Leib weich, kein Ascites, nicht druckempfindlich. — Pupillenreaktion prompt, Bauchdeckenreflex lebhaft, ebenso Cremasterreflex. Patellar- und Achillessehnenreflexe normal, Babinski negativ. — Urin frei von Zucker und Eiweiß, kein Sediment außer harnsauren Salzen.

24. I. 24stündige Urinmenge 3300 ccm mit spez. Gew. 1018. Ödeme noch vorhanden.

25. I. Blut: Leukocyten 8300, Erythrocyten 5 170 000. Auszählung: Polyn. 41,2%, Lymphocyten 58%, Eosinophile 0%, Große Mononucleäre 0,4%, Jugendformen 0,4%. Blutausstrich und dicker Tropfen ohne Parasiten.

29. I. Ödeme verschwunden. Noch geringe Bronchitis. Reflexe normal. Schmerzen in den Beinen. Druckempfindlichkeit der Unterschenkelnerven. Leichte Conjunctivitis. Puls 42.

4. II. Blut: Hämoglobin 76% (korrig. 94%). Leukocyten 9100, Erythrocyten 5 310 000. Kochsalzausscheidung mangelhaft (Kochsalzversuch siehe später). Die letzten 2 Tage Durchfall ohne Blut und Schleim, ohne Tenesmen und Leibschmerzen.

Die Temperatur war während der Beobachtung normal zwischen 36° und 36,8°.

Fall 16. A., 22 Jahre, Eisenbahner.

Anamnese: Frühere Krankheiten: mit 12 Jahren bereits einmal Ödemkrankheit mit Schwellung der Beine. Sonst stets gesund. In den letzten Monaten schwere Arbeit im Freien bei großer Kälte. Beginn der jetzigen Erkrankung vor etwa 14 Tagen mit Durchfall. Dieser dauerte etwa 8 Tage lang an, zeitweise soll auch Blut dabei gewesen sein. Der Durchfall ließ dann nach, nun traten Schwellung und Schmerzen in den Beinen auf. Die Anschwellung nahm so zu, daß A. sich krank melden mußte. Gleichzeitig mit der Beinschwellung stellte sich allgemeine Schlaffheit ein.

Befund am 10. II. 17: Große Magerkeit, geringes Fettpolster, dünne Muskulatur, schlaffe Haut. Temperatur bei der Aufnahme 38,4°. Hochgradiges Ödem beider Beine bis zu den Oberschenkeln herauf. Am rechten Fuß eine Erfrierung 2. Grades. Kein Scrotalödem, kein Ascites, kein Hydrothorax, kein Gesichtsödem. — Kopf- und Halsorgane normal. — Lungen: Normaler Klopfschall, Vesiculäratmen, diffuse feuchte und trockene Rasselgeräusche. — Herz: Dämpfung normal groß, Töne rein. Puls bei der Aufnahme 94, klein, weich. Blutdruck 55—80 mm Hg. — Abdominalorgane o. B. — Nervensystem normal, Reflexe regelrecht. — Im Urin kein Eiweiß, kein Zucker. Sediment o. B.

11. II. Temp. 38,5°. Puls 100. Starker Husten und schleimig-eitriger Auswurf. Urinmenge 1900 ccm.

12. II. Temp. 37,2°. Puls 60. Urinmenge 3000 ccm.

13. II. Temp. 36,4°. Puls 52. Ödem sehr stark zurückgegangen. Urinmenge 1800 ccm. Adrenalinversuch (siehe Tabelle 16). Drucksteigerung von 60—80 auf 80—110 mm Hg.

14. II. Ödem geschwunden. Bd. = 90—115. Urinmenge 1600 ccm.

16. II. Puls 42.

Die Körpertemperatur zeigte in den ersten beiden Tagen, wie oben angegeben, Erhöhungen bis auf 38,5°. In der Folgezeit war sie dauernd normal.

Fall 17. E., 22 Jahre, Landmann.

Anamnese: Früher nie krank gewesen. In letzter Zeit schwere Arbeit bei großer Kälte. Beginn der jetzigen Erkrankung vor 4 Tagen mit stechenden Schmerzen in den Beinen und Anschwellung der Füße. Vorher 5 Tage lang Durchfall ohne Blut und Schleim.

Befund am 6. II. 17: Mittelgroßer Mann. Starke Magerkeit, fehlendes Fettpolster; schlaffe, in Falten abhebbare Haut und geringe Muskulatur. An den Unterschenkeln sehr starke Ödeme, kein Ascites, kein Hydrothorax, kein Gesichtsödem. Haut und Schleimhäute o. B. Keine Drüsenschwellungen. — Über den Lungen diffuse bronchitische Geräusche. — Herzdämpfung regelrecht, Töne rein. Puls klein, dikrot, sehr langsam, 42 Schläge i. d. Min. Blutdruck 100—130 mm Hg. — Bauchorgane o. B. — Im Urin nichts Pathologisches, Sediment o. B. — Reflexe regelrecht. Motilität und Sensibilität intakt. Atropinversuch (s. Tab. 3).

10. II. Bd. = 100—120. Ödem geschwunden.

12. II. Bd. = 100—115.

Temperatur stets normal zwischen 36° und 37°.

Fall 18. N., 24 Jahre.

Anamnese: Früher stets gesund. Keine Ruhr durchgemacht. Arbeitete die letzten 2 Monate schwer bei hoher Kälte (Bahnbau). Beginn vor etwa 10 Tagen mit Anschwellung der Beine und Schmerzen in den Unterschenkeln. 2 Tage vorher etwas Durchfall ohne Blut- oder Schleimbeimengung.

Befund am 29. I. 17: Mittelgroßer Mann; starke Magerkeit, fast völlig mangelndes Fettpolster. Schlaffe Haut, die sich in Falten überall vom knöchernen Unterbau abheben läßt. Muskulatur stark vermindert. Haut o. B. Keine Drüsenschwellungen. An den Unterschenkeln sehr starkes Ödem. Kein Gesichtsödem. Leichter Ascites nachweisbar, kein Hydrothorax. — Kopf- und Halsorgane o. B. — Lungengrenzen an normaler Stelle, gut verschieblich; Vesiculäratmen ohne Rhonchi. — Herz: Dämpfungsfigur regelrecht, Töne rein, keine Geräusche. Puls klein und weich, aber regelmäßig. Auffallende Bradykardie: Pulsfrequenz 42 Schläge i. d. Min. Blutdruck nur 50—70 mm Hg nach Riva-Rocci. — An den Bauchorganen nichts Krankhaftes; Milz und Leber nicht vergrößert. — Am Nervensystem kein krankhafter Befund, Reflexe regelrecht. Leichte Schmerzhaftigkeit der Muskulatur und der Nervendruckpunkte an den Unterschenkeln. — Urinmenge 2600 ccm, spez. Gew. 1018; kein Eiweiß, kein Zucker, keine Zylinder.

30. I. Ödeme noch stark. Bd. = 70—90. Adrenalinversuch (siehe Tab. 9) Puls 52—56. Urinmenge 2600 ccm. Blut: Erythrocyten 4 540 000, Leukocyten 6050, Neutrophile 72,9%, Lymphocyten 24,4%, Eosinophile 0,4%, Große Mononucleäre 2,3%. Nach Injektion von 0,001 Adrenalin: Erythrocyten 4 240 000, Leukocyten 6900, Neutrophile 60%, Lymphocyten 37%, Eosinophile 0,3%, Große Mononucleäre 2,4%, 1 eosinoph. Myelocyt (0,3%). Im Blutausstrich und dicken Tropfenpräparat keine Parasiten.

31. I. Bd. = 70—80. Ödeme nehmen ab. Urinmenge 2800 ccm.

1. II. Bd. = 85—95. Urinmenge 1300 ccm.

2. II. Nur noch geringe Ödeme. Urinmenge 3000 ccm.

3. II. Bd. = 60—85. Puls 44. Atropinversuch (s. Tabelle 2).

5. II. Bd. = 80—105. Ödeme geschwunden.

6. II. Bd. = 80—105. Pulsfrequenz 50 im Liegen, nach Aufstehen 60, nach 10 Kniebeugen: Puls 72, Bd. = 80—103.

7. II. Nach 6 stündigem Außerbettsein Puls 84, Bd. = 80—105.

Die Körpertemperatur zeigte an einzelnen Tagen leichte subfebrile Bewegungen bis 37,6°. War sonst aber stets normal.

Fall 19. S., 29 Jahre, Bäcker.

Anamnese: Früher im wesentlichen gesund. Will auch schon früher bei schwerer Arbeit und in der Kälte an Schwellung der Füße gelitten haben. Seit 2 Monaten schwere Arbeit bei großer Kälte im Freien. Beginn der jetzigen Erkrankung vor 6 Tagen mit Durchfall, 4 dünne Stühle am Tag ohne Beimengung von Blut und Schleim, 2 Tage später begannen die Füße und Unterschenkel zu schwellen, gleichzeitig trat allgemeine Mattigkeit ein.

Befund am 8. II. 17: Großer Mann mit gutem Knochenbau; Magerkeit, Fehlen des Fettpolsters, schlecht entwickelte Muskulatur. An den Ober- und Unterschenkeln starke Ödeme, kein Gesichtsödem, kein Ascites. — Haut- und Schleimhäute o. B. Keine Drüsenschwellung. — Lungengrenzen an normaler Stelle, gut verschieblich, Klopfschall sonor, verschärftes und verlängertes Vesiculäratmen, reichlich diffuse trockene und giemende bronchitische Geräusche. — Herzdämpfung regelrecht, Töne rein, etwas klappend, zweite Töne akzentuiert. Puls regelmäßig von mittlerer Füllung. Bd. = 90—120 mm Hg. Pulsfrequenz 56 i. d. Min. — Bauchorgane ohne Veränderung, Milz und Leber nicht vergrößert. — Im Urin kein Eiweiß, kein Zucker. Sediment o. B. — Nervensystem: Motilität und Sensibilität intakt. An den Unterschenkeln starke Druckschmerzhaftigkeit der Nervendruckpunkte, besonders des Tibialis. Patellarreflexe nicht auslösbar.

9. II. Bd. = 80—100 mm Hg. Bronchitis stark. Ödeme etwas geringer, aber noch hochgradig.

10. II. Bd. = 80—90. Puls 50.

11. II. Bd. = 90—110.

12. II. Beginn einer Digitaliskur: 4 mal 0,1 Digipurat. Ödeme geschwunden. Bd. = 90—100. Bronchitis geringer.

13. II. 3 mal 0,1 Digipurat.

14. II. 3 mal 0,1 Digipurat. Puls 48. Bd. = 80—100.

15. II. 2 mal 0,1 Digipurat. Puls 50. Bd. = 80—100. Kein Ödem. Temperatur stets normal.

Fall 20. T., 25 Jahre.

Anamnese: Früher stets gesund. Vor 3 Monaten Ruhr. Beginn der jetzigen Erkrankung vor 4 Tagen mit Anschwellung der Füße und Schmerzen in den Beinen. Schwere Arbeit in großer Kälte.

Befund am 29. II. 17: Starke Magerkeit, nur wenig Fettpolster, schlaffe Muskulatur. Starkes Ödem der Knöchel und der Unterschenkel bis zum Knie; kein Ascites, kein Hydrothorax, kein Gesichtsödem. — Kopf- und Halsorgane o. B. — Lungen: Klopfschall normal, vesiculäres Atmen, diffuse bronchitische Geräusche. — Herzdämpfung etwas nach links verbreitert. An der Herzspitze ein leichtes systolisches Geräusch, zweiter Ton an der Mitralis nicht akzentuiert. Herzaktion gleichmäßig und regelrecht. Puls von kleiner Füllung, weich. Blutdruck 60—75 mm Hg. — Abdominalorgane o. B. Leber und Milz nicht vergrößert. — Nervensystem: Wadenmuskulatur und N. tibialis druckempfindlich. Kein Lassègue. Reflexe regelrecht. Keine Bronchitis. Motilität und Sensibilität intakt. — Urin: Eiweiß und Zucker negativ. Kein pathologisches Sediment.

30. I. Puls 46. Bd. = 80—100. Atropinversuch (s. Tab. 4). Nachmittags 6 Uhr Adrenalinversuch, hat leichte Drucksteigerung zur Folge (s. Tab. 11). Urinmenge 2100 ccm. Blut: Leukocyten 2900, Erythrocyten 5 230 000. Nach einer Adrenalininjektion von 0,001 g: Leukocyten 6300, Erythrocyten 5 040 000. Qualitatives Blutbild vor Adrenalin: Neutrophile 60 %, Lymphocyten 38,5 %. Eosinophile 0 %, Große Mononucleäre 7,5 %; nach Adrenalin: Neutrophile 62,9 %, Lymphocyten 34,5 %, Eosinophile 0 %, Große Mononucleäre 2,6 %. Im Blutausstrich und dicken Tropfen keine Krankheitserreger.

31. I. Bd. = 90—100. Urinmenge 3400 ccm.

1. II. Bd. = 100—110. Ödeme geschwunden bis auf geringe Reste. Urinmenge 3200 ccm.

2. II. Urinmenge 3000 ccm.

3. II. Bd. = 50—70. Krankenzimmer sehr kalt in den letzten Tagen, da schlecht heizbar. Ödeme geschwunden.

5. II. Bd. = 50—70. Puls 50. 12^{15} mittags Strophanthinversuch (siehe Tabelle 17), ergibt bei 0,0005 Strophanthin intravenös leichte Drucksteigerung auf 60—80 nach 10 Minuten und auf 80—100 nach 1 Stunde 20 Minuten. Der Puls geht von 50 auf 44 Schläge zurück. Abends 6^{30} Puls 44; Bd. = 50—75.

6. II. Puls 50. Bd. = 50—75. Nach Aufstehen aus dem Bett Puls 60; nach 10 Kniebeugen Puls 90, deutlich irregulär, Bd. = 50—75; nach 2 Minuten Puls wieder 58, Bd. unverändert.

7. II. Nachdem Pat. den Vormittag außer Bett war, Puls 82, Bd. = 50—70.

Die Körpertemperatur war während der ganzen Zeit der Beobachtung bis auf eine einmalige Steigerung auf 37,3° am 31. I. stets normal.

Fall 21. T., 24 Jahre, Landmann.

Anamnese: Früher gesund; vor 3 Monaten Ruhr. Beginn der jetzigen Erkrankung mit Husten und Brustschmerzen. Schwere Arbeit bei großer Kälte. Die Anschwellung der Füße nahm in den nächsten Tagen stark zu, gleichzeitig große Magerkeit. Kein Durchfall.

Befund am 5. II. 17: Starke Magerkeit, schlaffe Muskulatur, stark reduziertes Fettpolster. Hochgradiges Ödem der Unterschenkel, auf die Oberschenkel übergreifend. Kein Ascites, kein Hydrothorax, kein Lidödem. — Haut und Schleimhäute o. B. Keine Drüsenschwellungen. — Lungen: Grenzen regelrecht, gut verschieblich, Atmung vesiculär, keine Nebengeräusche. — Herz: Dämpfung in normalen Grenzen, Töne rein. Puls klein und weich, regelmäßig, sehr langsam, 50 Schläge i. d. Min. Blutdruck 70—90 mm Hg. — An den Bauchorganen regelrechter Befund. Milz und Leber nicht vergrößert. — Nervensystem: Patellarreflexe nicht auslösbar, auch Achillessehnenreflex fehlt; sonst keine Störungen. — Im Urin kein Zucker, kein Eiweiß. Stuhl o. B. Adrenalinversuch (s. Tab. 6).

6. II. Bd. = 80—100.

9. II. Blut: Erythrocyten 4 430 000, Leukocyten 7400 Im Blutausstrich und dicken Tropfenpräparat keine Parasiten. Urinmenge 2100 ccm, spez. Gew. 1014. Kein Eiweiß, kein Zucker. Ödeme viel geringer.

10. II. Bd. = 70—90. Puls 54. Ödeme fast entleert.

12. II. Bd. = 70—90. Puls 48.

13. II. Bd. = 70—85. Puls 46. Ödeme geschwunden.

Körpertemperatur stets normal.

Fall 22. A., 25 Jahre, Landwirt.

Anamnese: Vor 8 Jahren 4 Monate lang fieberhaft krank. Sonst immer gesund gewesen. In letzter Zeit schwere Arbeit bei großer Kälte. Klagen: An-

geschwollene Beine, Schmerzen in den Beinen, allgemeine Mattigkeit, Husten.

Befund am 21. I. 17: Mittelgroßer Mann von gesunder Gesichtsfarbe.
Schlaffe, mäßig ausgebildete Muskulatur. Fettpolster gering. Magerkeit. Haut
schlaff, läßt sich in großen Falten abheben. Kein Exanthem. Kopf.
Rumpf und Arme frei von Ödemen. Oberschenkel leicht, Unterschenkel und
Füße stark ödematös, Knöchelumfang beiderseits 25 cm. — Lungengrenzen
etwas erweitert. Überall voller Klopfschall. Über beiden Lungen zahlreiche
feuchte Rasselgeräusche, dazwischen Giemen, besonders links hinten unten. —
Herzdämpfung von normaler Größe. Spitzenstoß im 5. Intercostalraum, ein-
wärts der Brustwarzenlinie. Herztöne rein, zweiter Ton an der Spitze etwas
akzentuiert. Puls zwischen 50—60 i. d. Min., regelmäßig, wenig gefüllt. — Geringer, leicht verschieblicher Ascites. Milz und Leber wegen Meteorismus
nicht deutlich zu begrenzen. — Bauchdecken- und Cremasterreflex normal. Kniesehnenreflexe beiderseits deutlich, Achillessehnenreflex undeutlich. Kein Babinski.
— Mund- und Rachenorgane o. B. Keine Drüsenschwellungen. — Blut: Leukocyten 9200, Erythrocyten 3 900 000. — Urin frei von Zucker und Eiweiß, kein
Sediment.

22. I. Urinmenge gering, in den letzten 24 Stunden 800 ccm, spez. Gew. 1012.

23. I. Noch starke Ödeme. Urinmenge steigt langsam.

24. I. Ödeme noch stark. Schmerzen in den Unterschenkeln, namentlich bei Druck auf die Wadenmuskulatur. Patellarreflexe sehr schwach, Achillessehnenreflexe fehlen. Urinmenge steigt bis auf über 3000 ccm. Kochsalz-
ausschwemmung gut (Kochsalzversuch siehe später).

29. I. Ödeme verschwunden. Nur mehr vereinzelte bronchitische Geräusche. Puls 50.

30. I. Nervenstämme am Bein druckempfindlich, besonders Tibialis.
Lassègue negativ. Reflexe wie oben. Hyperalgesie der Haut beider Oberschenkel,
an der Innenseite erheblicher als an der Außenseite, nach unten bis zum Knie
reichend, Berührungsempfindlichkeit für feine Berührung gut. Kein Ödem mehr
nachweisbar. Unreiner erster Ton an der Herzspitze. Herz bei Röntgen-
durchleuchtung o. B.

Die Temperatur war während der ganzen Beobachtungszeit normal.

Fall 23. S., 31 Jahre, Bauer.

Anamnese: Verheiratet, 2 Kinder. Seit 4 Monaten bei harter Kälte
schwere Arbeit. Vor dem Krieg Alkoholiker und Raucher. Als Kind nie krank.
Später Fleckfieber. Während des Krieges Malaria. Vor 5 Tagen erkrankt
mit rasch zunehmender Schwellung des Gesichts, der Augenlider und der
Beine. Dabei kein besonderes Krankheitsgefühl. Schlaf und Appetit gut. Kein
Fieber. Keine Nachtschweiße. Etwas Brustschmerzen und Husten. Er gibt an,
dieselbe Krankheit mit Schwellungen schon einmal vor dem Kriege
bei schwerer Arbeit in großer Kälte gehabt zu haben. Kein Erbrechen
Keine Leibschmerzen. Kein Durchfall.

Befund am 21. I. 17: Kräftig gebauter Mann, starke Magerkeit. Gesicht
leicht geschwollen. Rumpf und Arme frei, Oberschenkel wenig, Unterschenkel
stark geschwollen, besonders an den Knöcheln und Fußrücken. Pupillen
reagieren prompt. Zunge belegt. — Lungengrenzen etwas erweitert, überall
voller Klopfschall. Ausgedehnte Bronchitis. — Herzgrenzen normal. Spitzenstoß im 5. Intercostalraum innerhalb der Mamillarlinie. Töne rein. Puls 54,
mittelkräftig, regelmäßig. — Urin frei von Eiweiß und Zucker, kein Sediment,
außer etwas oxalsaurem Kalk.

22. I. Ödeme zurückgegangen. Urinmenge von 24 Stunden 2000 ccm, spez. Gew. 1014. Blut: Leukocyten 6300, Erythrocyten 4 040 000.

25. I. Keine Ödeme mehr. Puls 52.

26. I. Puls 50.

Fall 24. P., 23 Jahre, Landwirt.

Anamnese: Früher nie krank, insbesondere nie Ruhr, nie Ödemkrankheit. Vor 14 Tagen erkrankt bei Forstarbeiten mit Mattigkeit, Schmerzen und Schwellung der Beine. Kein Durchfall. Hat schon mehrere Tage im Revier gelegen.

Befund am 15. II. 17: Geringes Ödem des Gesichts und der Augen, sehr starkes Ödem der Unterschenkel, geringeres der Oberschenkel. Kein Ascites. Bronchitis. — Herz o. B. Puls 54, weich, regelmäßig. Blutdruck 100—120. — Lebhafte Reflexe, keine Nervendruckpunkte, keine Schienbeinschmerzen. — Urin frei von Zucker und Eiweiß, kein Sediment.

16. II. 24 stündige Urinmenge 3500 ccm, spez. Gew. 1010. Bd. = 100—120, Puls 52.

17. II. Ödem geringer. Urinmenge 1600/1010.

18. II. Ödem kaum noch nachzuweisen. Urinmenge 2500/1015.

19. II. Puls 48. Kochsalzausscheidung gestört.

19. II. Puls 52. Kochsalzausscheidung kam verspätet. Keine Ödeme mehr. Leichte Bronchitis.

Temperatur andauernd normal.

Fall 25. L., 20 Jahre.

Anamnese: Keine Kinderkrankheiten; vor dem Kriege Ruhr und Malaria gehabt. Während des Krieges bis jetzt stets gesund. In letzter Zeit schwere Arbeit, meist im Freien, zuletzt in großer Kälte. Beginn der jetzigen Erkrankung vor 10 Tagen mit Schmerzen in den Beinen und Leibschmerzen. Gleichzeitig schwollen Gesicht, Augenlider und Beine an. Trotzdem arbeitete er noch bis vor 2 Tagen. Die Anschwellungen nahmen stark zu. Vor 2 Tagen stellte sich Durchfall ein ohne Blut- und Schleimbeimengung. Auch trat Husten und Auswurf auf. Kein Erbrechen. Mußte oft urinieren, besonders auch des Nachts.

Befund am 29. I. 17: Mittelgroßer Mann, starke Magerkeit; Fettpolster fehlt; Haut schlaff, Muskulatur schlecht entwickelt. Kein Exanthem, keine Drüsenschwellungen. An den Unterschenkeln, besonders in der Knöchelgegend, mittelstarke Ödeme. Kein Ascites, kein Hydrothorax, kein Gesichtsödem. — Lungengrenzen an regelrechter Stelle, gut verschieblich; Atemgeräusch verschärft, überall bronchitische Geräusche. — Herzdämpfung von normaler Größe; Töne: an der Mitralis ein leichtes systolisches Geräusch, zweiter Mitralton akzentuiert, zweiter Pulmonalton normal laut. Puls mäßig gefüllt, 72 i. d. Min. — Subfebrile Temperatur, 37,3° axillär. — Bauchorgane o. B. — Sehnenreflexe rechts etwas lebhafter als links, sonst o. B. — Im Urin kein Eiweiß, kein Zucker, Sediment o. B. — Es besteht Durchfall, 3 hellgelbe, nicht übelriechende Stühle von wässeriger Konsistenz, ohne Blut und Schleim.

21. II. 2 mal dünner Stuhl. Urinmenge 1200 ccm.

22. II. 7 dünne Stühle, bakteriologisch negativ. Puls 72, Temp. 37,2°.

23. II. 4 dünne Stühle, Urinmenge 1400 ccm. Puls 54.

24. II. Stuhl normal. Temp. 36,4°. Puls 52. Ödem verschwunden.

25. II. Stuhl normal. Temp. 36,2°. Puls 48.

26. II. Stuhl normal. Temp. 36,4°. Puls 46.

Fall 26. F., 32 Jahre.

Anamnese: Früher stets gesund. Seit 6 Tagen bemerkt Pat. Anschwellung beider Füße und Unterschenkel, Mattigkeit, Schmerzen in den Beinen.

Befund am 6. X. 17: Mittelgroßer Mann; starke Magerkeit, Fehlen des Fettpolsters. Starkes Ödem der Unterschenkel, besonders in der Knöchelgegend, leichtes Lidödem. Kein Ascites, kein Hydrothorax. — Lungen: Diffuse Bronchitis beiderseits. — Herz: Dämpfung nicht verbreitert, leichtes systolisches Geräusch an der Mitralis. — Bauchorgane o. B. Milz und Leber nicht vergrößert. — Kniesehnenreflexe nicht auslösbar. Starke Druckempfindlichkeit der Wadenmuskulatur und der Nervendruckpunkte an den Unterschenkeln. — Blutdruck 80—122 mm Hg. Hämoglobin 94%. Leukocyten 4700, Erythrocyten 3 540 000. — Urin: Eiweiß, Zucker, Blut negativ. Sediment o. B.

8. X. Ödeme etwas geringer. Urinmenge 4,5 l.

9. X. Urinmenge 1700 ccm, spez. Gew. 1010. Körpergewicht 52 kg. Wasserversuch.

10. X. Ödem noch vorhanden. Urinmenge 3500/1010. Körpergew. 52,5 kg.

11. X. Flüssigkeitszufuhr für die Folgezeit 4—5 l; außerdem 30 g Salzzulage. Ausscheidung verzögert. Hämoglobin 87%. Erythrocyten 3 400 000, Leukocyten 4900.

12. X. Ödem an den Knöcheln noch etwas nachweisbar. Nahrung: 2018 Cal.

14. X. Ödem geschwunden. Blut: Erythrocyten 3 000 000, Leukocyten 4900.

16. X. Kein Ödem.

18. X. Wieder leichtes Knöchelödem.

22. X. Noch leichtes Knöchelödem. Hämoglobin 86%. Erythrocyten 4 130 000.

24. X. Bd. = 80—120. Schmerzen in den Unterschenkeln. Knöchelödem geschwunden. Nahrung 2673 Cal. Außer Bett.

30. X. Wieder leichtes Ödem in der Knöchelgegend.

8. XI. Hämoglobin 85%. Erythrocyten 4 230 000, Leukocyten 6800.

15. XI In der Zwischenzeit Befund unverändert.

Temperatur stets normal.

Fall 27. B., 37 Jahre.

Anamnese: Stets gesund. Jetzt seit 1. X. 17 Schwellung an beiden Füßen, Mattigkeit und Schmerzen in den Beinen.

Befund am 6. X. 17: Großer Mann, starke Magerkeit, Fehlen des Fettpolsters. Leichtes Lidödem, starke Ödeme der Knöchelgegend, kein Ascites, kein Hydrothorax. — Lungen: Diffuse Bronchitis. — Herz: Normale Dämpfung, an der Spitze leichtes systolisches Geräusch. Blutdruck 50—80 mm Hg. Puls 50. Hämoglobin 100%. Leukocyten 5400, Erythrocyten 4 370 000. — Bauchorgane o. B. — Nervensystem o. B. Wadenmuskulatur druckempfindlich. — Urin: Eiweiß und Zucker negativ. Sediment o. B.

7. X. Urinmenge 2600 ccm. Körpergewicht 56 kg.

8. X. Urinmenge 3600 ccm. Ödeme lassen nach.

9. X. Urinmenge 1600 ccm, spez. Gew. 1020. Körpergewicht 54,5 kg.

10. X. Von heute ab Zufuhr großer Wassermengen, 5—6 l, bei salzarmer Kost. Überschießende Wasserausfuhr. Ödeme stark zurückgegangen. Calorien 2018.

12. X. Bis jetzt dauernd überschießende Wasserausfuhr. Knöchelödem geschwunden. Körpergewicht 51,5 kg. Hämoglobin 100%. Erythrocyten 4 380 000, Leukocyten 5500.

19. X. Keine Ödeme mehr aufgetreten. Calorien 2600.

23. X. Bd. = 60—90. Hämoglobin 92%. Erythrocyten 4 500 000, Leukocyten 4500.

28. X. Außer Bett.

30. X. Ganz leichtes Knöchelödem.

3. XI. Starke Bronchitis, leichtes Fieber. Kein Ödem mehr.

5. XI. Temperatur wieder normal.

16. XI. entlassen.

Fall 28. S., 36 Jahre.

Anamnese: Im Alter von 30 Jahren Nierenentzündung und Rheumatismus. Seit 3 Tagen bemerkt Pat. Schwellungen an den Beinen, dabei große Mattigkeit, keine Schmerzen.

Befund am 6. X. 17: Mittelgroßer Mann, starke Magerkeit, Fehlen des Fettpolsters. Leichtes Lidödem, starke Ödeme der Knöchelgegend, kein Ascites, kein Hydrothorax. Leichte Conjunctivitis. — Lungen: Diffuse Bronchitis. — Herz: Normale Größe, Töne rein. Puls 50 i. d. Min. Blutdruck 70—100 mm Hg. Hämoglobin 100%. Erythrocyten 5 180 000, Leukocyten 8600. — Bauchorgane o. B. — Nervensystem o. B. — Urin: kein Eiweiß, kein Zucker. Sediment o. B.

6. X. Urinmenge 4000 ccm. Ödeme lassen nach. Körpergewicht 56 kg.

7. X. Urinmenge 2800 ccm. Wasserversuch normal.

8. X. Urinmenge 2200 ccm.

9. X. Urinmenge 4200 ccm. Lidödem geschwunden. Knöchelödem stark zurückgegangen.

10. X. Urinmenge 2000 ccm. Hämoglobin 100%. Erythrocyten 5 320 000, Leukocyten 6000.

12. X. Von heute ab Flüssigkeitszufuhr, 2 l pro Tag. 20 g Salzzulage. Körpergewicht 53,5 kg.

14. X. Keine Ödeme mehr nachweisbar.

15. X. 30 g Salzzulage. Ausscheidungsverhältnisse siehe Kurven und Tabellen.

20. X. Wieder leichtes Knöchelödem.

24. X. Ödeme geschwunden. Außer Bett. Hämoglobin 87%. Erythrocyten 4 480 000, Leukocyten 5500.

26. X. Schmerzen in den Waden. Nervendruckpunkte an den Unterschenkeln.

16. X. entlassen. Bis dahin dauernd fieberfrei und ohne Ödeme.

Fall 29. P., 26 Jahre.

Anamnese: Früher stets gesund. Erkrankte jetzt vor wenigen Tagen mit Schmerzen in den Beinen und starker Anschwellung der Füße. Große Mattigkeit.

Befund am 28. X. 17: Große Magerkeit. Fehlen des Fettpolsters. Größe 1,67. Gewicht 61 kg. Starke Ödeme der Unterschenkel, bis zu den Oberschenkeln herauf. Ascites deutlich nachweisbar, etwas Hydrothorax. — Lungen: Diffuse Bronchitis. — Herz o. B. Puls 48, weich. Blut: Hämoglobin 81%. Erythrocyten 3 770 000, Leukocyten 6000. — Bauchorgane o. B. — Nervensystem: Druckempfindlichkeit der Nervendruckpunkte an den Unterschenkeln, sonst o. B. — Urin: Kein Eiweiß, kein Zucker. Sediment o. B.

29. X. Von heute ab Zufuhr von großer Menge Wasser, Ausscheidung normal.

1. XI. Ödeme gehen langsam zurück.

3. XI. Im Gesicht nur noch schwache Ödeme, noch starke Ödeme am Rücken, keine Ödeme der Beine. Ascites noch nachweisbar. Kein Hydrothorax.

7. XI. Ödeme und Ascites nicht mehr nachweisbar.

II. Das Ödem.

Wir haben in unserer ersten Mitteilung festgestellt, daß gewisse Insuffizienzerscheinungen des kardiovasculären Apparates bei einer Reihe der Ödemkrankheiten vorliegen. Sie sind jedoch sicherlich nicht die eigentliche Ursache des Ödems, denn das Ödem tritt zweifellos auch bei Leuten mit normalem Zirkulationsapparat auf. Die Insuffizienz der Kreislauforgane spielt also nur zuweilen eine begünstigende Rolle.

Um über die Art der Entstehung der Ödeme einen näheren Aufschluß zu erhalten, haben wir zunächst den Wasser- und Salzstoffwechsel untersucht.

1. Untersuchungen über die 24stünd. Ausscheidung von Wasser und Salz und über die Beeinflussung der Ausscheidung bei Kochsalzzulage.

Eine Anzahl von Patienten, die mit frischen Ödemen aufgenommen waren, wurde sofort auf kochsalzarme Diät gesetzt und bei ihnen die Ausscheidung von Wasser und Kochsalz bestimmt, sowie auch ihr Verhalten bei Kochsalzzulage geprüft. Die Untersuchungen sind in den Tabellen 1—9 übersichtlich dargestellt. Es zeigte sich, daß bei einigen unserer Kranken in den ersten Tagen neben hohen Wassermengen große Mengen von Kochsalz ausgeschwemmt wurden. So beträgt z. B. bei dem Patienten M. (Tab. 1) die anfängliche Kochsalzmenge 36 g. Der Patient P. (Tab. 2) scheidet am ersten Tag 23 g, am zweiten 14 g, am dritten 27 g aus. Noch erheblicher sind die Ausscheidungswerte bei Patient K. (Tab. 3). Hier betragen sie am ersten Tage 40 g, am zweiten 24 g, am dritten Tage wieder 41,6 g. Auch in den späteren Tagen blieben sie noch auffallend hoch. Ein gleiches Verhalten zeigten auch andere Kranke. Diese bei nahezu kochsalzfreier Kost gewonnenen Werte weisen darauf hin, daß im Ödemstadium eine hochgradige Retention von Kochsalz stattgefunden hat, das nun mit dem Ablaufen der Ödeme ausgeschwemmt wurde. Daß die Ödeme ausgeschieden wurden, zeigt sich in den hohen Wasserwerten, die bis zu 4 l den Tag betragen.

Bei Kochsalzzulage von 20 g sehen wir nur in einem Teil der Fälle ein promptes Ansteigen der 24stündigen Kochsalzausscheidung, z. B. bei Patient A. (Tab. 4) und Sch. (Tab. 5). Beim ersteren steigt der NaCl-Wert nach Zulage von 20 g von 16 auf 36 g, wobei die Urinmenge jedoch von 1500 auf 3200 ccm stieg. Die Kochsalzausscheidung wie auch die Wasserausscheidung bleibt aber auch in den nächsten Tagen auffallend hoch, so daß daraus hervorgeht, daß weiterhin retiniertes Kochsalz und Wasser abgegeben wurde. Bei Patient Sch. (Tab. 5) wird die Kochsalzzulage in zwei Tagen annähernd ausgeschieden, ohne daß die Urinmengen besonders hoch sind. Die übrigen Versuche zeigen durchweg eine Verschleppung der Ausscheidung über mehrere Tage. So ist z. B. bei Sch. (Tab. 6) auch nach vier Tagen keine nennenswerte Ausscheidung der Zulage erfolgt, gleichzeitig blieb auch die Urinmenge niedrig mit hohem spez. Gewicht. Bei Tsch. (Tab. 7) und bei A. (Tab. 8) erfolgt sie nur schubweise innerhalb von 4—5 Tagen. Bei P. (Tab. 2) tritt erst am 5. Tage nach der Zulage eine teilweise Ausschwemmung auf, die dann ebenfalls über mehrere Tage verzettelt wird.

Tabelle 1. M.

Datum	Menge	Spez. Gewicht	⁰/₀₀	g
23./24.	3300	1018	11,0	36,0
	20 g NaCl-Zulage			
24./25.	3200	1016	6,7	21,4
25./26.	4000	1010	3,0	12,0
26./27.	3400	1010	1,3	4,4
27./28.	2400	1014	8,0	19,2
28./29.	1700	1016	4,7	7,9

Tabelle 2. P.

Datum	Menge	Spez. Gewicht	⁰/₀₀	g
15./16.	3500	1010	6,7	23,0
16./17.	1600	1010	8,0	14,8
17./18.	2500	1015	11,0	27,0
	18. 20 g NaCl-Zulage			
18./19.	3400	1005	2,3	7,8
19./20.	3000	1006	4,5	13,5
20./21.	2400	1011	13,6	33,24
21./22.	2300	1012	9,0	20,7
22./23.	2600	1016	10,0	26,0
23./24.	2600	1015	13,0	33,0
24./25.	2100	1010	4,0	8,4

Tabelle 3. K.

Datum	Menge	Spez. Gewicht	⁰/₀₀	g
3./4.	4000	1016	10,0	40,0
4./5.	3800	1010	6,4	24,3
5./6.	4000	1014	10,4	41,6
6./7.	3000	1007	4,0	12,0
7./8.	—	—	—	—
8./9.	2400	1010	6,5	16,2
9./10.	2700	1009	7,4	19,8
10./11.	2600	1016	10,7	27,8

Tabelle 4. A.

Datum	Menge	Spez. Gewicht	⁰/₀₀	g
21./22.	800	1012	10,3	8,2
22./23.	1500	1013	10,75	16,0
	20 g NaCl-Zulage			
23./24.	3200	1017	11,0	36,3
24./25.	2300	1020	11,0	25,3
25./26.	2700	1014	11,0	29,7
26./27.	2700	1013	3,1	8,3
27./28.	1500	1014	7,3	10,9

Tabelle 5. Sch.

Datum	Menge	Spez. Gewicht	°/oo	g
24./25.	500	1025	11,0	5,5
20 g NaCl-Zulage				
25./26.	2100	1011	9,1	19,11
26./27.	1000	1010	9,7	9,7
27./28.	1800	1010	3,5	6,3
28./29.	1700	1014	1,5	2,7

Tabelle 6. Scha.

Datum	Menge	Spez. Gewicht	°/oo	g
24./25.	800	1017	11,0	8,8
20 g NaCl-Zulage				
25./26.	700	1022	10,9	7,6
26./27.	1000	1025	11,0	11,0
27./28.	1000	1020	11,0	11,0
28./29.	2300	1010	3,6	8,2

Tabelle 7. T.

Datum	Menge	Spez. Gewicht	°/oo	g
21./22.	800	1016	8,2	6,4
22./23.	1800	1016	9,5	17,1
20 g NaCl-Zulage				
23./24.	2900	1013	5,0	14,0
24./25.	2000	1016	8,0	16,0
25./26.	2800	1010	3,4	9,5
26./27.	1200	1016	6,9	8,2
27./28.	1700	1021	11,0	18,7

Tabelle 8. Ar.

Datum	Menge	Spez. Gewicht	°/oo	g
23./24.	3400	1010	3,0	10,2
20 g NaCl-Zulage				
24./25.	1700	1017	11,0	18,7
25./26.	2500	1013	2,7	6,7
26./27.	2500	1010	1,2	3,0
27./28.	2700	1014	5,6	20,16
28./29.	1500	1010	2,0	5,4

Wir haben solche Versuche noch in größerer Anzahl gemacht, die zu ähnlichen Resultaten führten. Es findet sich also bei den Ödemkranken im Ödemstadium eine hochgradige Retention von Kochsalz und Wasser, welche beim Ablauf der Ödeme zu einer starken Vermehrung der Urinmenge und der Kochsalzausfuhr im Urin führt. Kochsalzzulage wird in einem Teil der Fälle verschleppt ausgeschieden; in den Fällen, wo die Ausscheidung der Ödeme prompt erfolgt, scheint auch die Kochsalzzulage glatt ausgeführt zu werden.

2. Untersuchungen über stundenweise Ausfuhr von Wasser und Salz bei entsprechender Zulage bei Normalen und Ödemkranken.

Um einen genaueren Einblick in den zeitlichen Ablauf der Ausscheidungsverhältnisse und etwaiger Störungen zu erhalten, haben wir Stundenversuche angestellt. Es ergab sich dabei bald, daß ein Unterschied bestand, je nachdem Kochsalz allein oder mit reichlich Wasser zugeführt wurde. Wir haben daher zunächst die Ausscheidung des Wassers nach Zufuhr von $1\frac{1}{2}$ l geprüft und dann die Ausscheidung des Kochsalzes im Trockenversuch, wobei 20 g NaCl in wenig Wasser verabreicht wurden und endlich die Ausscheidung von Wasser und Kochsalz bei kombinierter Verabreichung von 1500 Wasser + 20 g Kochsalz.

Da die Versuche bis auf wenige Ausnahmen unter erschwerten Bedingungen im Felde ausgeführt wurden, so haben wir die Dauer der

Versuche nicht über 12 Stunden ausgedehnt, nachdem sich gezeigt hatte, daß wir auf diese Weise schon einen durchaus genügenden Einblick in die Ausscheidungsverhältnisse erhielten.

A. Stundenversuche über die Wasserausscheidung.

Um Versuche zu haben, welche einwandfreie und klare Vergleichswerte zu unseren Untersuchungen an Ödemkranken bieten, haben wir uns nicht auf die in der Literatur vorhandenen Angaben. gestützt, sondern mit derselben Technik und Versuchsanordnung gleichsinnige Untersuchungen an normalen Personen (auch Selbstversuche) angestellt.

Im einzelnen wurden die Versuche so angeordnet, daß der Versuch früh morgens begann. Die Versuchspersonen erhielten nüchtern die Salz- und Wasserportion. Mittags bekamen die Versuchspersonen Trockenkost (2 Schnitten Brot mit salzfreier Butter und 1 Ei oder etwas salzfrei gekochten dicken Kartoffelbrei und ähnliches), den übrigen Tag wurde bis zum Abschluß des 12-Stundenversuches nichts mehr verabreicht. Der Urin wurde zunächst stündlich, von der 5. bis 6. Stunde ab häufig zweistündlich gesammelt und analysiert. Die NaCl-Bestimmungen wurden durch Titration nach Volhard durchgeführt.

Wir bringen zunächst den zeitlichen Ablauf der Ausscheidung. Die Verhältnisse illustrieren die beifolgenden Kurven.

In den Kurven 9—47 bedeutet: —— absolute NaCl-Werte, ……… prozentuale NaCl-Ausscheidung, - - - - Wasserausscheidung.

Versuch 9 (Selbstversuch). Schl., 37 J. Morgens 9 Uhr 1500 ccm Wasser. Sonst bis abends 9 Uhr keine Flüssigkeit. Morgens etwas Brot und Marmelade, mittags etwas Brot und 1 Ei. Aus der beiliegenden Kurve 9 ergibt sich ein schnelles Ansteigen der Wasserkurve, deren Gipfel in der zweiten Stunde gelegen ist. Gleich sinnig steigt die Kochsalzkurve an und die Konzentrationskurve sinkt entsprechend der Verdünnung, um sich mit Absinken der Wasserkurve wieder zu erhöhen.

Versuch 10 (Kurve 10). Cand. med. Da. Normal. 8 Uhr morgens 1500 ccm Wasser. Kost wie oben. Die Kurve verläuft analog, nur daß der Gipfelpunkt der Wasser- und Kochsalzausscheidung und der tiefste Stand der prozentualen Kochsalzausscheidung bereits in der ersten Stunde erreicht wird.

Versuch 11, Ödemkranker Fed. (Kurve 11). Morgens 9 Uhr 1500 ccm Wasser. Zum Frühstück vorher etwas Brot und Marmelade, mittags etwas dicken salzfreien Kartoffelbrei. Sonst bis abends 9 Uhr weder feste noch flüssige. Nahrung. Die Kurve der Wasserausscheidung und der Kochsalzausscheidung steigt rasch an, mit dem Gipfelpunkt in der zweiten Stunde, rascher Abfall in der dritten. Die prozentuale Konzentration sinkt entsprechend ab mit dem Tiefstand in der zweiten und erneutem Aufstieg in der dritten Stunde. Bemerkenswert ist das auffallend starke Ansteigen der Kochsalzkurve.

Versuch 12, Ödemkranker Pin. (Kurve 12). Versuchsanordnung genau wie bei Versuch 11. Auch hier steigt Wasser- und Kochsalzkurve unter gleichzeitigem Absinken der prozentualen Konzentration rasch an, der Gipfelpunkt liegt bei beiden in der zweiten Stunde. Der Abfall vollzieht sich gleichfalls rasch. Bemerkenswert ist auch hier das hohe Ansteigen der Kochsalzkurve, die zudem sich rascher erhebt als die Wasserkurve.

Kurve 9.
Wasserversuch (Selbstversuch).

Kurve 10.
Wasserversuch (Selbstversuch Da.).

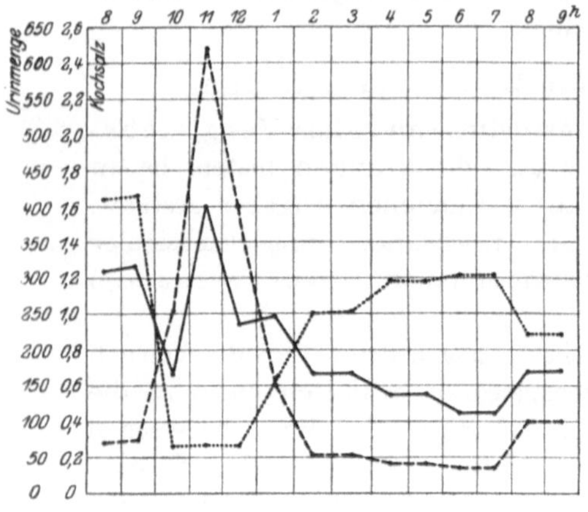

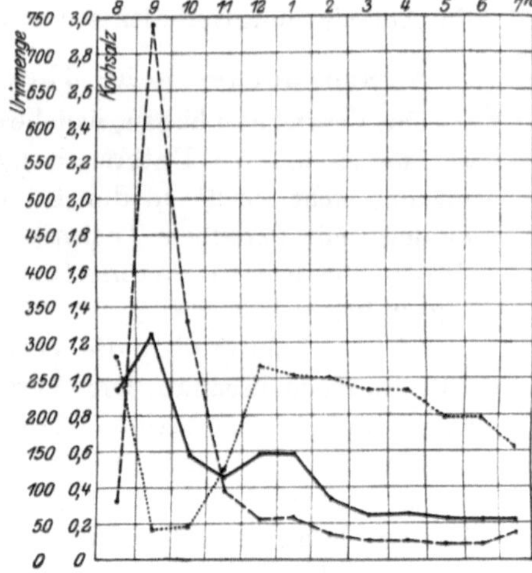

Kurve 11. Wasserversuch (Fe.).

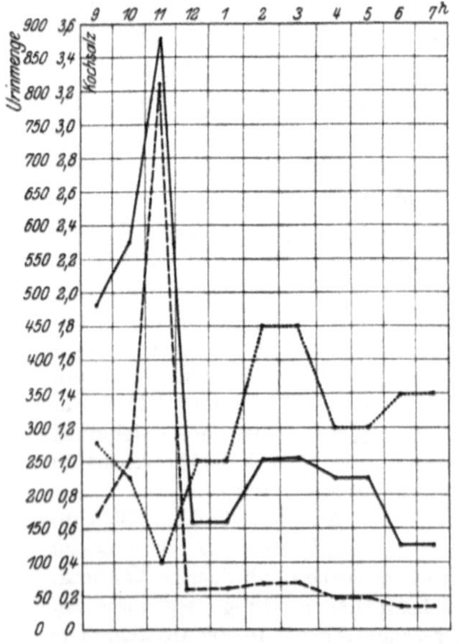

Kurve 12. Wasserversuch (Pi.).

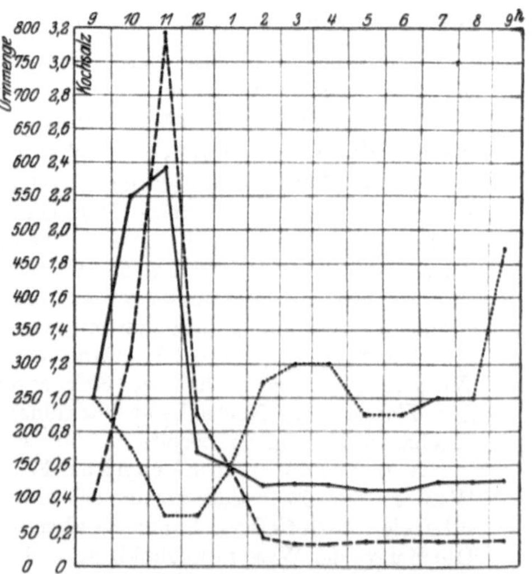

Versuch 13, Ödemkranker Sim. (Kurve 13). Versuchsanordnung wie bei 11. Auch hier gleichsinniges Ansteigen von Wasser- und Kochsalzkurve, bei abfallender Konzentration. Beide Kurven haben zwei Gipfel; bei der Kochsalzkurve, die sehr rasch und auffallend hoch ansteigt, tritt der erste Gipfel in der ersten Stunde ein, während er bei der Wasserkurve in die zweite Stunde fällt. In der dritten Stunde fallen beide Kurven stark ab, um sich in der vierten Stunde wieder zu erheben, und zwar die Kochsalzkurve viel ausgiebiger als die Wasserkurve. Weiterer Abfall in der fünften Stunde, der Fußpunkt wird in der sechsten Stunde erreicht.

Versuch 14, Ödemkranker Cem. (Kurve 14). Versuchsanordnung wie oben. Rasches Ansteigen der Wasserkurve bereits in der ersten Stunde, Gipfelpunkt in der zweiten, Absinken in der dritten, erneuter Anstieg und Gipfelpunkt in der vierten, jäher Abstieg bis hinunter zum Fußpunkt in der fünften Stunde. Die Kochsalzkurve erhebt sich nur wenig und bleibt ziemlich lange erhöht. Gipfelpunkt in der zweiten Stunde. Die Kurve der prozentualen Kochsalzausscheidungfällt entsprechend der Wasserkurve ab.

Überblicken wir die Versuche, so zeigen sie, daß beim Normalen Wasser sehr rasch ausgeschieden wird. Wir befinden uns damit in Übereinstimmung mit den Angaben in der Literatur, wie sie sich z. B. bei Veil[1]) finden. Die prozentuale Kochsalzkonzentration zeigt entsprechend entgegengesetztes Verhalten. Das Kochsalz wird zugleich mit dem Wasser etwas vermehrt ausgeschwemmt, und die Kurve ergibt daher einen leichten Anstieg, um alsbald mit dem Abfall der Wasserausscheidung wieder abzusinken. Die Ödemkranken zeigen, was die Wasserausscheidung und die prozentuale Kochsalzkonzentration anbelangt, ungefähr dasselbe Verhalten wie der Normale (s. Kurve 11, 12 u. 13). Auch hier fällt die Höchstausscheidung auf die zweite Stunde. Nur ein Ödemkranker (Kurve 14) hat eine verlängerte Wasserausscheidung, die sich über 4 Stunden ziemlich gleichmäßig hinzieht, um dann erst wieder abzufallen. Die Kochsalzausscheidung ist in 3 Fällen (Kurve 11—13) außerordentlich stark, während sie im 4. Fall (Kurve 14) nur ganz wenig sich erhebt. Es geht aus den Versuchen somit klar hervor, daß die Wasserausschei-

Kurve 13. Wasserversuch (Si.).

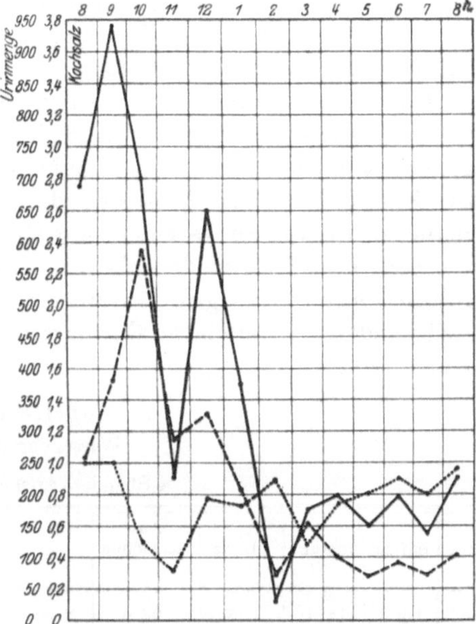

Kurve 14. Wasserversuch (Ce.).

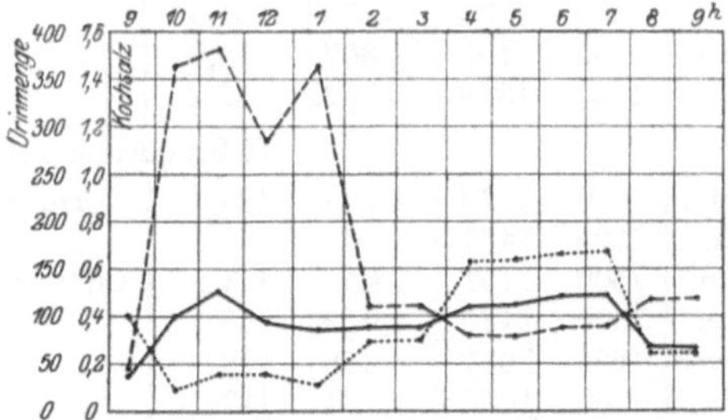

---

[1]) Veil, Über die Wirkung gesteigerter Wasserzufuhr auf Blutzusammensetzung und Wasserbilanz. Deutsches Archiv f. klin. Med. **118**. Siehe hier auch die übrige Literatur.

dung beim Ödemkranken im Ausschwemmungsstadium in der Regel eine normale, höchstens zeitlich etwas verschleppt ist und daß gleichzeitig mit dem Wasser große Mengen retinierten Kochsalzes ausgeschieden werden.

Um einen Einblick in die quantitativen Verhältnisse zu geben, haben wir die Versuche in der folgenden Tabelle (Tab. 15) nebeneinandergestellt, wobei die Ausscheidung auf 4 und auf 12 Stunden berücksichtigt ist. Es zeigt sich, daß die Ausscheidungsverhältnisse, wie schon aus dem zeitlichen Ablauf zu vermuten war, bei den Ödemkranken dieselbe ist wie bei Gesunden, so daß also der Ödemkranke ein gutes Ausscheidungsvermögen für Wasser besitzt. Wir haben noch eine Reihe anderer Versuche an Ödemkranken angestellt, die alle im gleichen Sinne verliefen.

Tabelle 15.

Wasserversuch.

4-Stunden-Ausscheidung.

Name	Zufuhr	Ausfuhr	Bilanz	Ausscheidung in %	
Schl.	1500	1420	— 80	94,6	Norm. Versuchsperson unter Feldkosternährung
Da.	1500	1220	—280	81,3	„ „ „ „
Cem.	1500	1385	—115	92,3	Ödemkranker
Sim.	1500	1575	+ 75	105,0	„
Fed.	1500	1193	—307	79,5	„
P.	1500	1338	—162	89,2	„

12-Stunden-Ausscheidung.

Name	Zufuhr	Ausfuhr	Bilanz	Ausscheidung in %	
Schl.	1500	1879	+379	125,3	Norm. Versuchsperson unter Feldkosternährung
Da.	1500	1457	— 43	97,1	„ „ „ „
Cem.	1500	2151	+651	143,0	Ödemkranker
Sim.	1500	2449	+949	163,0	„
Fed.	1500	1688	+188	112,0	„
Pin.	1500	1684	+184	112,0	„

B. Kochsalztrockenversuche.

Bei den folgenden Versuchen handelt es sich um die Frage der Ausscheidung des Kochsalzes. Es wurden daher nüchtern 20 g Kochsalz mit 200—300 Wasser verabreicht und etwas später noch so viel Wasser, daß die Gesamtmenge nicht mehr als 400 ccm Wasser betrug. Das Einnehmen von Kochsalz in diesen Mengen, einerlei ob viel oder wenig Wasser gereicht wird, ist, wie wir an unseren Selbstversuchen sahen und aus den Angaben der übrigen Versuchspersonen entnehmen konnten, recht unangenehm. Die erste Viertelstunde hinterher kämpft man mit Übelkeit, die sich erst langsam verliert. Wir haben auch für diese Versuche eigene Kontrollversuche an Normalen angestellt, um einen einwandfreien Vergleich zu ermöglichen. Wir besprechen zunächst wieder den zeitlichen Ablauf der Versuche in Kurvenform (s. Kurve 16—22).

Versuch 16. Selbstversuch. Sch., 44 J. Morgens 8 Uhr nüchtern 20 g Salz + 400 ccm Wasser. Als Frühstück etwas Brot mit Marmelade. Mittags etwas Brot und 1 Ei. Sonst keinerlei feste oder flüssige Nahrung.

Die Kochsalzausscheidung beginnt in der zweiten Stunde und erreicht in der dritten Stunde ihren Höhepunkt, zieht sich aber dann bis zur zehnten Stunde hin, um in der elften Stunde wieder ungefähr auf den Fußpunkt abzufallen. Mit der Kochsalzausscheidung steigt auch etwas die Wasserausscheidung und die prozentuale Kochsalzkonzentration.

Versuch 17, Pr., normal (Kurve 17). Morgens 8 Uhr 20 g NaCl mit 400 ccm Wasser. Als Frühstück Brot mit Marmelade. Mittags dicker Kartoffelbrei und 1 Ei.

Die Kurve verhält sich im großen und ganzen wie die von Versuch 6, nur zeigt sie größere Schwankungen. Die Kochsalzausscheidung steigt langsam an, erreicht in der fünften Stunde einen Gipfelpunkt, in der sechsten einen zweiten und sinkt allmählich ab, bis in der elften Stunde annähernd der Fußpunkt erreicht ist. Die Wasserausscheidung erhebt sich nur wenig, die prozentuale Kochsalzausscheidung gleichfalls. Sie steht dauernd hoch, um mit der Kochsalzkurve herabzugehen.

Versuch 18, Schu., normal (Kurve 18). Versuchsanordnung wie oben. Die Kurve verläuft im ganzen ähnlich wie bei Versuch 17, nur daß sie noch stärker schwankt. Der erste Gipfel ist in der fünften, der zweite in der siebenten Stunde. Ein dritter niedriger folgt in der elften Stunde. Die Wasserausscheidung hebt sich nur wenig, die prozentuale Kochsalzausscheidung ziemlich stark, um mit dem Abfall der absoluten Kochsalzkurve abzufallen.

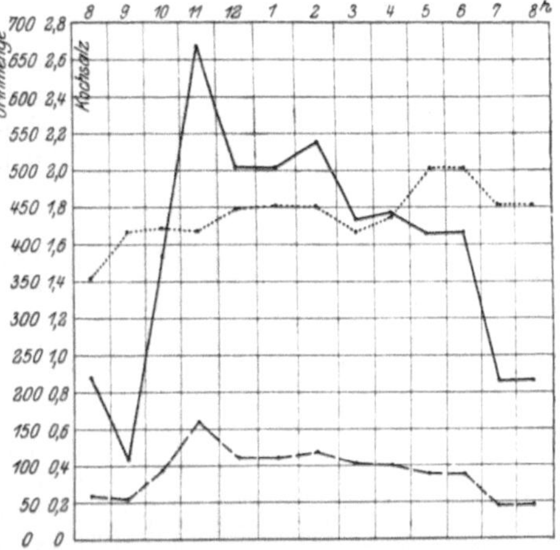

Kurve 16.
Kochsalztrockenversuch (Selbstversuch).

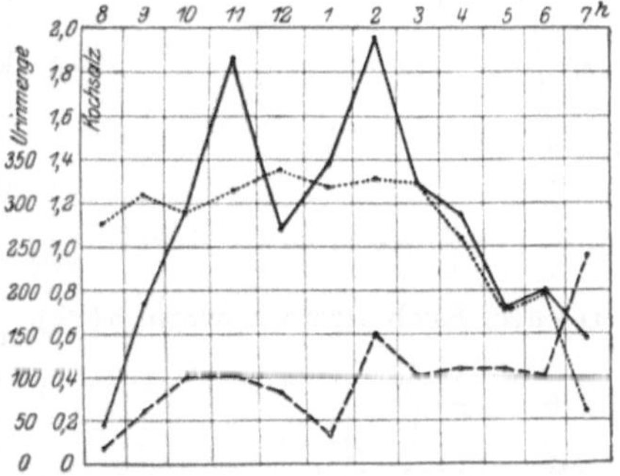

Kurve 17. Kochsalztrockenversuch (Pr.).

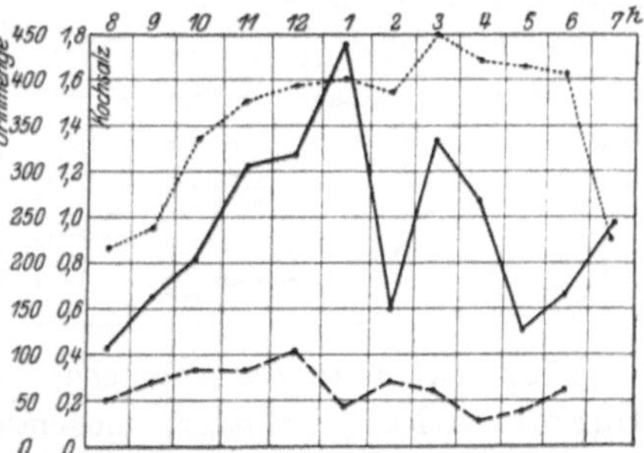

Kurve 18. Kochsalztrockenversuch (Schu.).

Versuch 19. Ödemkranker Si. (Kurve 19). Morgens 8 Uhr 20 g NaCl + 400 ccm

Kurve 19. Kochsalztrockenversuch (Si.).

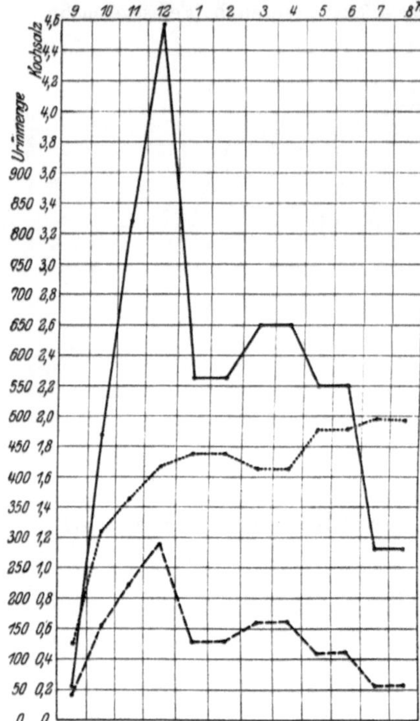

Kurve 20. Kochsalztrockenversuch (Pi.).

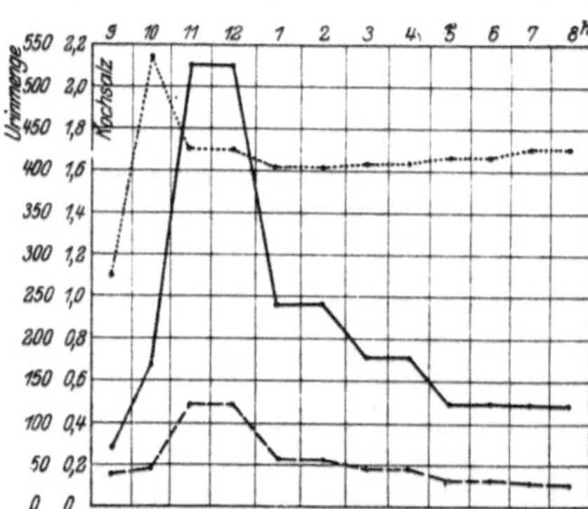

Wasser. Frühstück etwas Brot mit Marmelade. Mittags dicker Kartoffelbrei salzfrei.

Die Kurve der Salzausscheidung steigt genau wie beim Normalen langsam hoch, um in der dritten Stunde den Gipfelpunkt zu erreichen. Sie fällt dann langsam ab und erreicht in der zehnten Stunde den niedrigsten Punkt. Die Wasserausscheidung steigt nur wenig an, die prozentuale NaCl-Konzentration etwas stärker.

Versuch 20. Ödemkranker Pi. Versuchsanordnung (Kurve 20) wie bei Versuch 19.

Die Kurven verlaufen ganz ähnlich, nur steigt die Kochsalzkurve, die in der zweiten und dritten Stunde ihren Höhepunkt erreicht, bedeutend weniger an wie bei Versuch 19.

Versuch 21. Ödemkranker Fe. (Kurve 21). Versuchsanordnung wie oben. Die zeitlichen Ausscheidungskurven verlaufen ziemlich ähnlich wie die früheren.

Versuch 22. Ödemkranker Ce. (Kurve 22). Versuchsanordnung wie bei 19 bis 21.

Hier sinkt zunächst die Kochsalzund die Wasserausscheidung, während die prozentuale Konzentration von der zweiten Stunde an ansteigt. Kochsalzund Wasserkurve zeigen erst in der vierten Stunde einen Anstieg, wo auch ihr höchster Gipfel gelegen ist, dann wieder Abfall und erneuter Anstieg der Kochsalzkurve und minimaler Anstieg der Wasserkurve in der siebenten und achten Stunde. In der neunten wieder Abfall der Kochsalzkurve. Die prozentuale Kochsalzkonzentration geht langsam hoch, um in der siebenten ihren Höhepunkt zu erreichen und von da ab ungefähr auf demselben Niveau zu bleiben.

Überblickt man die Versuche, so kann zwischen Normalen und Ödemkranken kein grundlegender Unterschied gefunden werden. Nur in dem Versuch 22 ist die zeitliche Ausscheidung insofern etwas abweichend, als sie zunächst mit einem Abfall der Salzkurve beginnt, die Konzentration nimmt dabei allerdings zu.

Kurve 21. Kochsalztrockenversuch (Fe.).   Kurve 22. Kochsalztrockenversuch (Ce.).

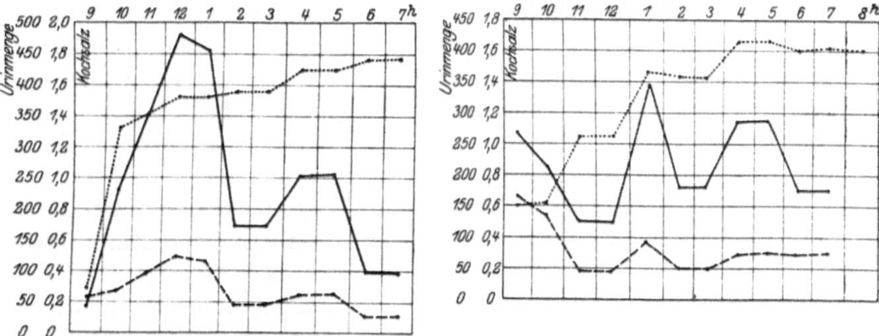

Die quantitativen Verhältnisse der Ausscheidung ersieht man deutlich aus der Tabelle 23, wo die Resultate der 4- und 12stündigen Ausscheidung der Normalen und der Ödemkranken zusammengestellt sind. Es ist ohne weiteres ersichtlich, daß keinerlei prinzipielle Unterschiede bestehen. Die Ergebnisse der Tabelle decken sich mit dem zeitlichen Ablauf der Kurven. Nur der Ödemkranke Sim. tritt etwas hervor, indem zugleich mit einer sehr intensiv vermehrten Wasserausfuhr auch die Kochsalzausfuhr besonders hohe Werte erreicht.

Tabelle 23.
Kochsalztrockenversuch (20 g Kochsalz + 400 ccm Wasser).
4-Stunden-Ausscheidung.

Name	Zufuhr	Ausfuhr	Bilanz	Ausscheidung in %	Zufuhr	Ausfuhr	Bilanz	Ausscheidung in %	
Schi.	400	422	+ 22	105	20	6,7	—13,3	33,5	Norm. Versuchsperson, Feldkost
Schu.	400	290	—110	72,5	20	3,94	—16,06	19,7	Norm. Versuchsperson, Heimatkost
Pr.	400	237	—163	57,5	20	3,52	—16,48	17,6	,, ,, ,,
Ce.	400	325	— 75	81,2	20	3,25	—16,75	16,25	Ödemkranker
Sim.	400	697	+297	174,2	20	10,57	— 9,43	52,9	,,
Fe.	400	314	— 86	78,6	20	4,66	—15,34	23,3	,,
Pi.	400	275	—125	68,7	20	6,81	—13,19	34,0	,,

12-Stunden-Ausscheidung.

Name	Zufuhr	Ausfuhr	Bilanz	Ausscheidung in %	Zufuhr	Ausfuhr	Bilanz	Ausscheidung in %	
Schi.	400	1117	+717	279	20	19,47	— 0,53	97,3	Norm. Versuchsperson, Feldkost
Schu.	400	730	+330	182,5	20	11,17	— 8,83	55,9	Norm. Versuchsperson, Heimatkost
Pr.	400	722	+322	180,5	20	10,48	— 9,52	52,4	,, ,, ,,
Ce.	400	737	+337	184,2	20	9,37	—10,63	46,8	Ödemkranker
Sim.	400	1380	+980	345	20	22,17	+̶ 2,17	110,8	,,
Fe.	400	579	+179	119,7	20	9,06	—10,94	45,3	,,
Pi.	400	482	+ 82	120,5	20	10,2	— 9,8	51,0	,,

C. Kombinierter Wasser- und Kochsalzversuch.

Nachdem die Versuche über die Ausscheidung des Wassers und die des Kochsalzes ohne größere Wasserzufuhr keine merklichen Differenzen

Kurve 24. Kombinierter Wasser-Kochsalzversuch (Selbstversuch).

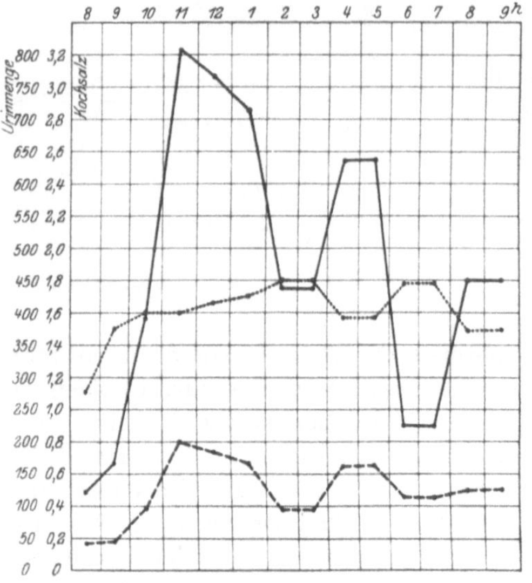

Kurve 25.
Kombinierter Wasser-Kochsalzversuch (De.).

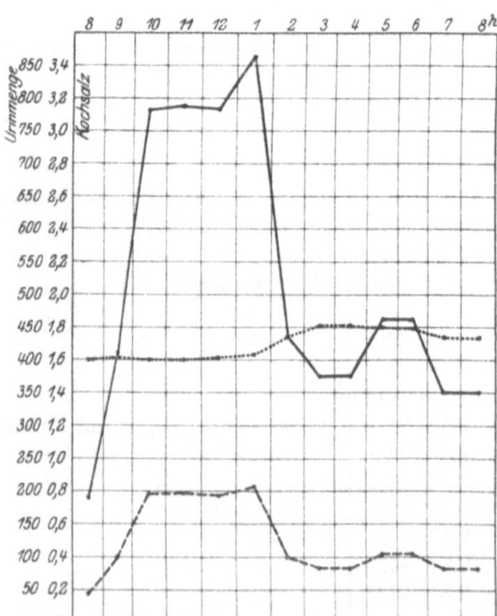

zwischen Ödemkranken und normalen Versuchspersonen ergeben hatten, andererseits aber die Tagesversuche, bei denen eine Kochsalzzulage ohne Einschränkung der Flüssigkeitseinnahme erfolgte, eine deutliche Retention von Kochsalz gezeigt hatten, stellten wir nunmehr S t u n d e n v e r s u c h e darüber an, wie 20 g K o c h s a l z unter g l e i c h z e i t i g e r Zufuhr von 1¹/₂ l Wasser bei N o r m a l e n einerseits und bei Ö d e m k r a n k e n andererseits zur Ausfuhr gelangten.

Wir berichten zunächst wieder über die zeitliche Ausfuhr in kurvenmäßiger Darstellung.

Versuch 24. Selbstversuch, Schl., 37 J. (Kurve 24). Morgens 8 Uhr 20 g Kochsalz und 1¹/₂ l Wasser. Ernährung wie in Versuch 9.

Auffallend ist zunächst die relativ geringe Erhebung der Wasserausscheidungskurve, die aufs äußerste absticht gegenüber der in Kurve 9 verzeichneten, wo an derselben Versuchsperson unter denselben Bedingungen ein einfacher Wasserversuch ausgeführt wurde. Die wenig erhöhte Wasserausscheidung zieht sich mit geringen Schwankungen über die nächsten zwölf Stunden hin, während sie im Wasserversuch schon in der sechsten Stunde den Fußpunkt erreicht hatte. Die Kochsalzkurve gleicht einigermaßen der Kurve im Trockenkochsalzversuch, nur steigt die Kurve höher an und zeigt etwas stärkere Schwankungen (vgl. Kurve 16). Auch die prozentuale Konzentration verhält sich ähnlich wie im Kochsalztrockenversuch der Normalperson.

Versuch 25. Da., cand. med., 20 J. (Kurve 25). Morgens 8 Uhr 20 g Kochsalz + 1500 ccm Wasser. Kost wie in Versuch 10.

Der Verlauf der Kurven ist ganz ähnlich wie im Versuch 24 und zeigt, was die Wasserausscheidung anbelangt, dieselben Unterschiede gegenüber dem einfachen Wasserversuch (Kurve 10). Die Kochsalzausscheidung steigt sehr hoch an und ähnelt ebenso wie die Kurve der prozentualen Konzentration derjenigen des einfachen Trockenversuchs.

Kurve 26. Kombinierter Wasser-Kochsalzversuch (Lo.).

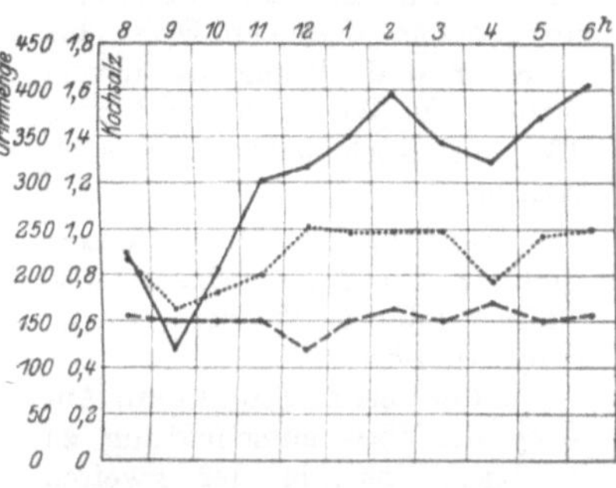

Versuch 26. Lo., normal. Morgens 8 Uhr 20 g NaCl + 1500 ccm Wasser. Kost wie bei Versuch 17 und 18.

Die Wasserausscheidung zeigt so gut wie gar keinen Anstieg. Die Kochsalzausscheidung sinkt zuerst ab, um sich in der zweiten Stunde auf die alte Höhe zu erheben und erst in der vierten Stunde langsam anzusteigen bis zu einem Gipfelpunkt in der sechsten Stunde. Die prozentuale Konzentration verhält sich ähnlich. Beide Kurven zeigen einen zweiten Gipfel in der zehnten Stunde. Die Kochsalzkurve selbst ist im Verhältnis zu den beiden anderen Normalversuchen recht niedrig.

Versuch 27. Ev., normal. (Kurve 27.) 8 Uhr morgens 20 g Kochsalz + 1500 ccm Wasser. Kost wie oben.

Kurve 27. Kombinierter Wasser-Kochsalzversuch (Ev.).

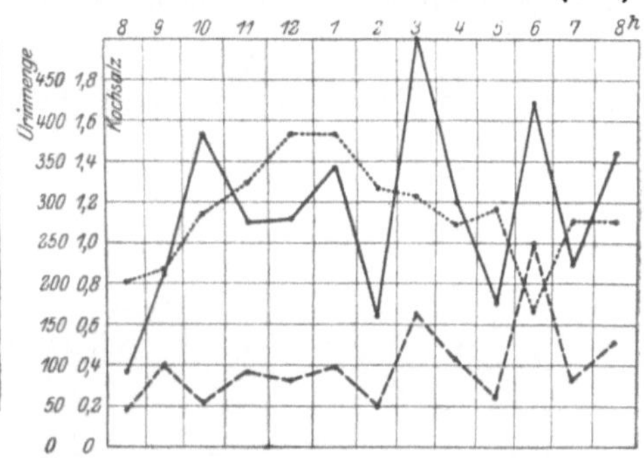

Kurve 28. Kombinierter Wasser-Kochsalzversuch (Si.).

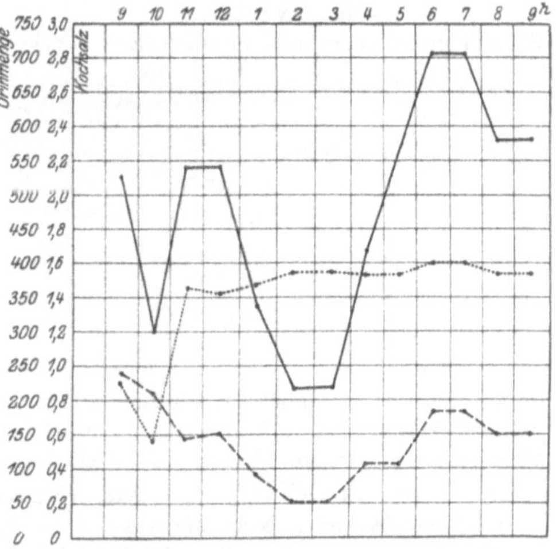

Die Wasserausscheidung ist auch hier wieder in den ersten neun Stunden hin und wieder nur ganz wenig erhöht, in der zehnten Stunde zeigt sie einen etwas größeren Anstieg, um sofort wieder abzufallen. Die Kochsalzkurve ist sehr zerrissen und hat fünf Gipfelpunkte. Der erste ist in der zweiten Stunde, der höchste in der siebenten Stunde gelegen. Die Kurve unterscheidet sich ganz erheblich von den Normalversuchen 24 und 25. Die prozentuale Konzentration steigt langsam an und erreicht in der vierten und fünften Stunde ihren Gipfelpunkt und sinkt dann ebenso langsam wieder ab.

4*

Versuch 28. Ödemkranker Sim. 8 Uhr morgens 20 g NaCl + 1500 ccm Wasser. Kost wie früher.

Wasser- und Kochsalzausscheidung, die am Beginn relativ hoch sind, sinken zunächst ab. Die Wasserausscheidung sinkt dauernd bis zum tiefsten Punkt in der sechsten und siebenten Stunde, um sich dann langsam wieder zu erheben. Die Kochsalzkurve steigt in der vierten Stunde wieder an, etwas über die Anfangshöhe, um in der fünften Stunde wieder abzufallen und in der sechsten und siebten Stunde ihre größte Tiefe zu erreichen. Dann steigt sie rasch an und hat in der zehnten und elften Stunde ihren höchsten Gipfelpunkt. Die prozentuale Kochsalzausscheidung sinkt gleichfalls zunächst ab, um in der dritten Stunde sich rasch zu erheben und ungefähr auf derselben Höhe bis zum Schluß des Versuches zu verweilen. Vgl. Wasserversuch Kurve 13 und Kochsalztrockenversuch Kurve 19.

Kurve 29.
Kombinierter Wasser-Kochsalzversuch (Fe.).

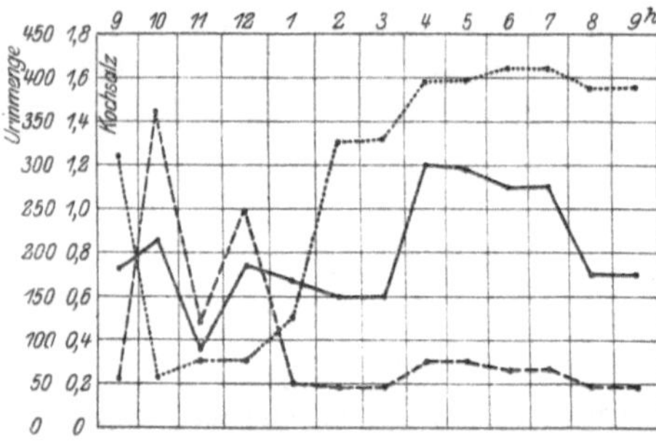

Versuch 29. Ödemkranker Fed. (Kurve 29). Morgens 20 g NaCl + 1500 ccm Wasser. Ernährung wie oben.

In der ersten Stunde ein Anstieg der Wasserausscheidung zu mäßiger Höhe, in der zweiten Stunde starker Abfall bis beinahe zum Fußpunkt, in der dritten geringer Anstieg, in der vierten vollkommener Abfall bis zum Fußpunkt auf dem die Kurve sich mit ganz minimaler Erhebung bis zum Schluß des Versuches hält. Die Kochsalzausscheidung sinkt nach minimaler Erhebung in der ersten Stunde in der zweiten weit unter den Ausgangswert, erhebt sich in der dritten bis nahezu zum Ausgangswert, verharrt zunächst auf dieser Höhe und steigt erst in der siebenten Stunde wenig an, um dann langsam wieder abzufallen. Die prozentuale Konzentration

Kurve 30.
Kombinierter Wasser-Kochsalzversuch (Ce.).

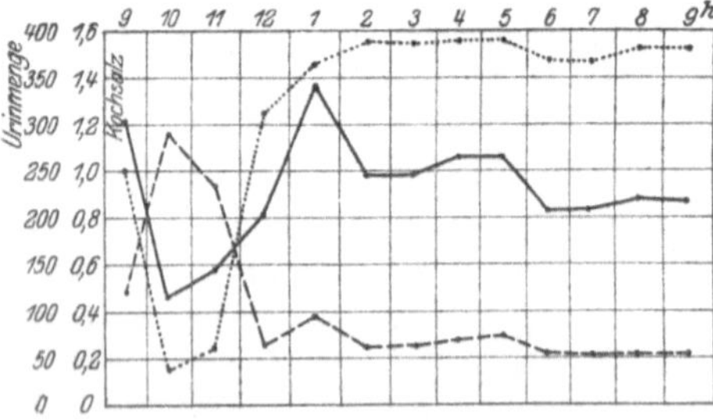

sinkt gleichfalls zunächst tief ab und erhebt sich erst in der fünften Stunde zu größerer Höhe, um auf dieser bis zum Schluß des Versuches zu bleiben. Vgl. Wasserversuch Kurve 11 und Kochsalztrockenversuch Kurve 21.

Versuch 30. Ödemkranker Cem. (Kurve 30). 9 Uhr morgens 20 g NaCl + 1500 ccm Wasser. Kost wie früher.

Die Kurve ähnelt außerordentlich der Kurve von Versuch 29. Zunächst geringer Anstieg der Wasserausscheidung in der ersten Stunde, dann Abfall in der zweiten und dritten Stunde bis unter die Ausgangshöhe, unter der sie bis zum Schluß des Versuches bleibt. Absolute Kochsalzkurve und prozentuale Ausscheidung sinken zunächst ab und steigen erst in der dritten Stunde an. Die Kochsalzkurve erhebt sich mit ihrem Gipfelpunkt in der vierten Stunde nur auf geringe Höhe und sinkt sofort wieder ab. Die prozentuale Kurve bleibt bis zum Schluß des Versuches erhöht. Vgl. Wasserversuch Kurve 14 und Kochsalztrockenversuch Kurve 22.

Versuch 31. Ödemkranker Pi. (Kurve 31). 9 Uhr morgens 20 g NaCl + 1500 ccm Wasser. Kost wie früher.

Die Kurven unterscheiden sich von den beiden vorhergehenden so gut wie gar nicht. Vgl. Wasserversuch 12 und Kochsalztrockenversuch 20.

Die vorliegende Versuchsreihe hat außerordertlich bemerkenswerte Resultate gezeitigt. Wenn wir die Kurven vergleichen, welche die normalen Versuchspersonen (Kurve 24—27) geben, so fällt hier der große Unterschied zwischen den ersten beiden und den letzten beiden auf. Während die ersten beiden eine NaCl-Ausscheidung zeigen, die denen des Trockenversuches sehr nahekommt, ist bei den letzten beiden die Kochsalzausscheidung wesentlich verschlechtert und in die Länge gezogen. Zur Erklärung dieser Tatsache dürfte wohl der Umstand herangezogen werden, daß die ersten beiden Versuchspersonen dauernd unter einer anderen Ernährung standen als die letzten beiden. Sie waren im Feld und hatten dort eine Kost, die der Friedenskost sehr nahestand, die letzten beiden normalen Versuchspersonen dagegen standen unter schlechten Ernährungsbedingungen in der Heimat. Ihre Ausscheidung des Kochsalzes leitet hinüber zu der Kochsalzausfuhr bei den Ödemkranken. Unter den vier untersuchten Fällen von Ödemkranken (Kurve 28 bis 31) fällt nur der eine (Kurve 28) heraus, indem er eine etwas bessere NaCl-Ausfuhr zu zeigen scheint, die jedoch weit entfernt ist von der prompten Ausscheidung der normalen Feldversuche. Es muß zudem berücksichtigt werden, daß dieser Ödemkranke auch außerhalb des Versuches eine große Kochsalzausscheidung zeigte. Bei den anderen Ödemkranken (Kurve 29 bis 31) ist die Kochsalzausscheidung äußerst beeinträchtigt. Es kommt hier offenbar zu einer starken Verzögerung und Retention.

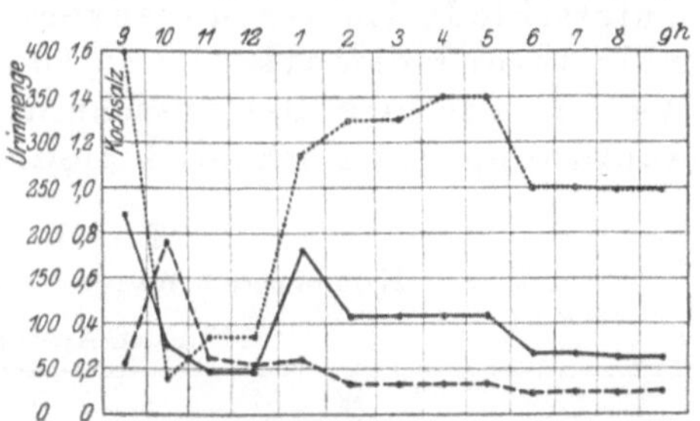

Kurve 31.
Kombinierter Wasser-Kochsalzversuch (Pi.).

Es ist interessant, daß Veil[1]) bei Untersuchungen über die Wirkungen der langdauernden Zufuhr einer großen Wassermenge auf Blut und Wasserbilanz, als er zur Prüfung der Konzentrierfähigkeit der Nieren während der Trinkperiode eine Mehrbelastung von 20 g Kochsalz vornahm und dabei die Konzentrierfähigkeit der Niere völlig erhalten sah, im Gegensatz zu normaler Versuchsperiode eine Zurückhaltung von 7—8 g NaCl im Körper und gleichzeitig eine starke Wasser-

---

[1]) W. H. Veil, Über die Wirkung gesteigerter Wasserzufuhr auf Blutzusammensetzung und Wasserbilanz. Deutsches Archiv f. klin. Med. **119**, 401. 1916.

retention (über 1 l) beobachtete. Er vergleicht dieses Verhalten mit dem gleichartigen Nierengesunder beim Übergang von kochsalzarmer zu kochsalzreicher Ernährung.

Die Wasserausscheidung entspricht der Kochsalzausscheidung. Sie ist in allen Versuchen, auch in den Normalversuchen, relativ recht gering, besonders wenn man die Wasserausscheidung bei einfachem Wasserversuch, in dem genau soviel Wasser wie im vorliegenden kombinierten Kochsalzwasserversuch verabreicht wurde, zum Vergleiche heranzieht. Es erhellt daraus, daß die Wasserausscheidung bei gleichzeitiger Kochsalzverabreichung völlig anders verläuft, wie ohne diese und daß hierbei eine erhebliche Retention zustande kommt. Bei den Ödemkranken ist die Wasserretention aber noch größer als beim Normalen mit Ausnahme des Ödemkranken Sim., der überhaupt zu großer Wasser- und Kochsalzausfuhr neigt.

Sehr deutlich werden die Differenzen, wenn man die quantitative Ausscheidung betrachtet (s. Tab. 32), wobei ein Vergleich mit den Tabellen 15 und 23 besonders lehrreich ist. Sehr auffallend sind die Unterschiede im 4-Stundenversuch, wo durchweg für Normale unter Heimatkost und für Ödemkranke sowohl die Wasser- wie die Salzausscheidung bei der kombinierten Anordnung ganz erheblich niedriger ist.

Tabelle 32.

Kombinierter Wasser- + Kochsalzversuch.

4-Stunden-Ausscheidung.

Name	Zufuhr	Ausfuhr	Bilanz	Ausscheidung in %	Zufuhr	Ausfuhr	Bilanz	Ausscheidung in %	
Schl.	1400	695	— 704	49,6	20	11,38	— 8,62	56,9	Norm. Versuchsperson, Feldkost
Da.	1500	889	— 611	59,3	20	14,51	— 5,49	72,6	„ „ „
Ev.	1700	335	—1365	19,7	20	3,72	—16,28	18,6	Norm. Versuchsperson, Heimatkost
Lor.	1500	295	—1205	19,7	20	3,11	—16,89	15,5	„ „ „
Ce.	1500	691	— 809	46,1	20	3,24	—16,79	16,2	Ödemkranker
Sim.	1500	603	— 897	40,2	20	6,88	—13,12	34,4	„
Fed.	1500	784	— 716	52,3	20	2,21	—17,79	11,1	„
Pin.	1500	363	—1137	24,2	20	1,4	—18,6	7,9	„
					12-Stunden-Ausscheidung.				
Schl.	1500	1704	+ 204	113,6	20	25,54	+ 5,54	127,7	Norm. Versuchsperson, Feldkost
Da.	1500	1523	+ 23	101,8	20	25,77	+ 5,77	128,9	„ „ „
Ev.	1700	1290	— 410	75,9	20	17,26	— 2,74	86,3	„ „ Heimatkost
Lor.	1500	1082	— 418	67,2	20	13,01	— 6,99	65,0	„ „ „
Ce.	1500	1169	— 331	77,9	20	12,08	— 7,92	60,4	Ödemkranker
Sim.	1500	1590	+ 90	106,0	20	22,32	+ 2,32	111,6	„
Fed.	1500	1252	— 248	83,4	20	9,42	—10,58	47,1	„
Pin.	1500	593	— 907	39,3	20	4,19	—15,83	20,8	„

Im 12-Stundenversuch sind die Unterschiede in der Wasserabgabe bei den normalen Personen mit Feldkost nicht mehr zu konstatieren. Um so größer sind aber die Differenzen bei den Ödemkranken, wo die Wasserausscheidung im einfachen Wasserversuch (Tab. 15) ganz erheblich besser verläuft wie in dem jetzigen kombinierten Versuch. In der Kochsalzausscheidung bestehen im 12-Stundenversuch gegenüber dem Trockenversuch keine sehr großen Differenzen. Bei einzelnen Ödemkranken, aber auch bei Normalen ist sie hier eher besser.

3. Versuche über die Beeinflussung der Stundenausscheidung von Wasser und Kochsalz durch Verabreichung von Thyreoidin, Adrenalin und Hypophysin.

Die Untersuchungen über den Wasser- und Salzstoffwechsel haben in den letzten Jahren eine Reihe von neuen Gesichtspunkten ergeben, die auch in den Mechanismus der Ödementstehung neue Einblicke gewähren. Wichtig waren vor allem die Untersuchungen über die Abhängigkeit der Nierenfunktion vom Nervensystem, wie sie von Claude-Bernard[1]) und Eckart[2]) begonnen wurden und von Bechterew[3]), Aschner[4]), Kohler[5]), Finkelnburg[6]) in letzter Zeit besonders eingehend von E. Meyer[7]) und Jungmann[7])[8])[9]), Grek[10]), Rohde u. Ellinger[11]), Asher u. Jost[12]) fortgeführt wurden. Danach steht es außer Frage, daß es eine zentrale Beeinflussung der Wasser- und Salzausscheidung in der Niere gibt, so daß Erich Meyer und Jungmann (l. c.) direkt von einem „Salzstich" sprechen. Die Leitung geht durch den Splanchnicus: Bei Reizung desselben wird die Wasser- und Salzausscheidung gehemmt, bei Durchschneidung gefördert. Einen ähnlichen Einfluß übt der Vagus auf die Nierenfunktion aus, nur ist seine Wirkung der Intensität nach viel geringer und zeitlich rascher abklingend.

Besonderes Interesse verdient die Wirkung des Adrenalins, dessen Einfluß auf die sympathischen Nerven bekannt ist. Dort wo die sympathischen Fasern hemmend wirken, ruft auch das Adrenalin Hemmung

[1]) Claude Bernard, Leçons du physiologie expériment. Paris 1855.

[2]) Eckart, Beiträge z. Anat. u. Physiol. 4—6. 1869.

[3]) Bechterew, Archiv f. Anat. u. Physiol. 1903.

[4]) Aschner, Wiener klin. Wochenschr. 1912, Nr. 27.

[5]) Kahler, Prager Zeitschr. f. Heilk. 1886, Nr. 7.

[6]) Finkelnburg, Deutsches Archiv f. klin. Med. 91. 1907.

[7]) E. Meyer u. Jungmann, Archiv f. experim. Pathol. u. Pharmakol. 73. 1913.

[8]) Jungmann, Archiv f. experim. Pathol. u. Pharmakol. 77. 1914.

[9]) Jungmann, Münchner med. Wochenschr. 32. 1914.

[10]) Grek, Archiv f. experim. Pathol. u. Pharmakol. 68. 1912.

[11]) Rohde u. Ellinger, Centralbl. f. Physiol. 27. 1913.

[12]) Asher u. Jost, Zeitschr. f. Biol. 46. 1914.

hervor. Es ist daher zu erwarten, daß nach den Resultaten der Splanchnicusreizung resp. Durchschneidung das Adrenalin eine hemmende Wirkung auf die Urinausscheidung ausübt. Daß dies wirklich der Fall ist, ist eine schon lange bekannte Tatsache. In der letzten Zeit hat sich besonders Walter Frey[1]) mit der Einwirkung des Adrenalins auf die Wasser- und Kochsalzausscheidung im Urin beschäftigt. Er stellte fest, daß die subcutane Injektion von Adrenalin beim Menschen wie beim Kaninchen eine Hemmung der Kochsalzausscheidung im Urin bewirkt in auffallender Unabhängigkeit von der Urinmenge und auch ohne feste Beziehung zu der Ausscheidung der übrigen harnfähigen Stoffe. Es kommt zu einer Retention von Kochsalz in den Geweben. Weder in den Nieren noch im Blut sind erhöhte Kochsalzwerte nachweisbar. Die Urinmenge sinkt beim Menschen nach subcutaner Adrenalininjektion ab, zuweilen nach vorübergehender Zunahme. Als Angriffspunkt für das Adrenalin bezeichnet Frey die Niere selbst. Die Kontraktion der Nierengefäße bedingt die einsetzende Oligurie, der direkt hemmende Einfluß des Adrenalins auf die Nierenzellen die verschlechterte Ausscheidung des Kochsalzes.

Hierher gehört ferner der Einfluß des Hypophysins und überhaupt die Wechselbeziehungen zwischen Hypophyse und Harnausscheidung, die für die Erklärung des Diabetes insipidus besonderes Interesse bieten. Frank[2]) hat als erster darauf aufmerksam gemacht, daß in einem größeren Teil der von ihm beobachteten Fälle von Diabetes insipidus Veränderungen der Hypophyse nachzuweisen waren. Es gelang dann auch durch Injektion von Hypophysenextrakt bei Fällen von Diabetes insipidus die Störung der Urinausscheidung zu beseitigen [Eisner[3]), Hoppe-Seyler[4]), Konschegg und Schuster[5]), Graul[6]), Rosenfeld[7]) Schiff[8])]. Alle diese Untersucher fanden, daß die Urinmenge beim Menschen, (im Gegensatz zum Tierversuch) auf Injektion von Hypophysenextrakt rasch abfällt. Auch Frey (l. c.) konstatiert diese Wirkung im Versuch am normalen Menschen. Er konnte außerdem eine Begünstigung der Kochsalzausscheidung durch Pituglandol feststellen, was übereinstimmt mit der Beobachtung der anderen Autoren, daß nach subcutaner Injektion des Extraktes gleichzeitig mit dem Sinken der Urinmenge das spez. Gewicht des Harnes steigt. Er ist der Ansicht, daß bei der Wirkung des Hypophysenextraktes

[1]) W. Frey, Deutsches Archiv f. klin. Med. **123**. 1917.
[2]) Frank, Berliner klin. Wochenschr. 1912, S. 393.
[3]) Eisner, Deutsches Archiv f. klin. Med. **120**. 1915.
[4]) Hoppe-Seyler, Münch. med. Wochenschr. 1915, Nr. 48.
[5]) Konschegg u. Schuster, Deutsche med. Wochenschr. 1915, Nr. 37.
[6]) Graul, Deutsche med. Wochenschr. 1915, Nr. 37.
[7]) Rosenfeld, Berliner klin. Wochenschr. 1916, Nr. 21.
[8]) Schiff, K. K. Gesellschaft der Ärzte, Wien 1915, 5. November.

die Oligurie auf die Folgen der Vasokonstriktion, die Kochsalzausschwem-
mung auf eine Reizung der Drüsenzellen selbst zurückzuführen ist.

Zu den acceleratorischen Drüsen mit innerer Sekretion gehört auch
die Thyreoidea. Fr. Müller[1]) erwähnt, daß er, aufmerksam gemacht
durch die Häufigkeit der Albuminurie und Nierenkrankheiten bei Schild-
drüsenexstirpation [Hoffmeister[2]) u. a.] und bei Kachexia strumi-
priva, auf den Zusammenhang zwischen Schilddrüsenaffektionen und
Nierenkrankheiten geachtet und mehrere Fälle gesehen habe, bei denen
ein solcher Zusammenhang wahrscheinlich war. Von Monakow[3]) hat
aus seiner Klinik einen solchen Fall beschrieben, der neben den Symptomen einer Basedowschen Krankheit hochgradige Albuminurie mit
massenhaften Zylindern, Ödem und eine ausgesprochene Störung der
Kochsalzausscheidung darbot; Diuretica waren erfolglos. Fr. Müller
selbst beschreibt einen Fall von hochgradiger Struma, bei der sich eines
Tages Ödeme des Gesichts und des ganzen Körpers sowie Ascites und
starke Albuminurie einstellten. Das Ödem trotzte allen diuretischen
Mitteln. Es bestand ein leichter Tremor, eine gewisse psychische Er-
regtheit und ein leichter Exophthalmus, Symptome, welche auf eine
Hyperthyreose hinzudeuten schienen. Die histologische Untersuchung
der Struma ergab jedoch eine hochgradige kolloidale Degeneration und
Atrophie der Acini und Atrophie des Zwischengewebes, so daß Fr. Müller
die Frage aufwirft, ob es sich hier nicht doch mehr um eine Hypothyreose
als um einen basedowoiden Zustand gehandelt habe.

Fischer[4]) sowohl wie Segowa[5]) berichten aus dem Aschoffschen
Institut über den Zusammenhang zwischen Basedowscher Krankheit
und Nierenerkrankungen mit lipoiden Degenerationen des Epithels.
Diebella und Illyes[6]) fanden bei Stoffwechseluntersuchungen an
Brightikern unter Schilddrüseneinwirkung eine diuretische Wirkung
derselben, die aber nicht konstant war. Auch Fr. Müller (l. c.) versuchte
in einigen Fällen durch vorsichtige Schilddrüsendarreichung, die auffallend gut vertragen wurde, die Diurese zu steigern, mit dem Effekt,
daß die Urinmenge von 400 und 500 ccm auf 1 l und darüber sich erhöhte und das Gesichtsödem abnahm.

Neuerdings hat Eppinger[7]), ausgehend von der Tatsache, daß

---

[1]) Fr. v. Müller, Bezeichnung und Begriffsbestimmung auf dem Gebiet
der Nierenkrankheiten. Veröffent. aus dem Gebiet des Militärsanitätswesens.
Berlin 1917. Verlag Hirschwald.

[2]) B. Hoffmeister, Deutsche med. Wochenschr. 1896, S. 355.

[3]) Von Monakow, Deutsches Archiv f. klin. Med. 1915, S. 276.

[4]) Fischer, Zieglers Beiträge z. allg. Path. u. pathol. Anat. 49, 54.

[5]) Segowa, Ebenda 58, 8.

[6]) Diebella u. Illyes, Archiv f. experim. Path. u. Therapie 39. 1897.

[7]) Eppinger, Zur Pathologie und Therapie des menschlichen Ödems.
Springer, Berlin 1917.

beim Myxödem die ödemartige Schwellung der Haut und des Unterhautzellgewebes durch Schilddrüsendarreichung behoben wird auch bei
anderen Ödemzuständen den Einfluß der Schilddrüsenmedikation stu-
diert. Er konnte zeigen, daß durch sie bei einer großen Zahl scheinbar
verschiedenartiger Ödeme eine ausgezeichnete diuretische Wirkung ent-
steht. Durch seine klinischen und experimentellen Untersuchungen
kam er zu dem Schluß, daß dem großen Schwammorgan, dem ganzen
Komplex der intermediären Gewebsräume im Wasser- und Salzstoffwechsel, eine ebenso große, wenn nicht größere Rolle als der Niere zu-
zuschreiben sei. Der intermediäre Flüssigkeitskreislauf spielt sich nicht
nur innerhalb des Blutgefäßsystems ab, sondern es kommt die Gewebs-
flüssigkeit als funktioneller Faktor mit in Frage. Bevor die einzelnen
Bestandteile unserer Nahrung an die Zellen gelangen, müssen sie zuerst
die Räume passieren, die zwischen Blutcapillaren und Zellen liegen.
Hier machen sie vorübergehend halt, ehe sie von den Zellen selbst
resorbiert und umgesetzt werden. Vielleicht ist ein gewisser Grad von
Kolloiden (Eiweißkörpern) nötig, um die den Zellen vorgelagerten Mo-
leküle nicht sofort wieder verlorengehen zu lassen. Bei diesen Gewebs-
funktionen spielt die Schilddrüse eine gewisse Rolle. Verfütterung von
Schilddrüsensubstanz beschleunigt häufig den Abfluß der Gewebsflüs-
sigkeit und hebt die Diurese. Eppinger sieht die Erklärung darin,
daß durch Verfütterung von Schilddrüse die Zellen die vorgelagerten
Nahrungsmittel rascher in Arbeit nehmen. So können die durch die
Quellung gebundenen Salze ebenso wie das Wasser frei werden und für
die Ausscheidung durch die Niere disponibel sein.

Die Resultate der experimentell-klinischen Forschung sind zweifellos
für die Erklärung der Ödeme von größter Bedeutung. Wenn wir auch
bei manchen Ödemen mit schweren anatomischen Läsionen der Nieren
und dadurch bedingten nachweisbaren intrarenalen Nierenfunktions-
störungen eine glatte Erklärung geben können, so bleiben doch zahlreiche
Ödemzustände ungeklärt. Hierher gehören die von Eppinger (l. c.)
angeführten besonderen Fälle scheinbarer Myokardaffektionen, hartnäckige Ödemzustände bei gewissen Nephritisformen und Nephrosen,
die Ödeme bei kachektischen Individuen bei Infektionskrankheiten (wie
Malaria, Recurrens, Ruhr), die pastösen Zustände der Chlorosen, die
Ödeme der Anämien und die Ödemzustände bei Ernährungsstörungen
der Kinder und anderes mehr. Abgesehen von den genannten Nieren-
affektionen handelt es sich bei all diesen Zuständen um anatomisch
intakte Nieren, so daß schon dadurch der Gedanke nahegelegt wird,
daß es sich um extrarenale Ursachen für die Ödementstehung handelt.

Ausgehend von diesen Ergebnissen der Forschung,
haben wir auch bei Ödemkranken den Einfluß des Thyreoidins, des Adrenalins und Hypophysins untersucht.

Nachdem wir in den vorstehenden Untersuchungen festgestellt haben, daß Störungen in der Wasser- und Kochsalzausscheidung nur in Form der kombinierten Darreichung nachweisbar waren, haben wir für die nun folgenden Versuche im wesentlichen die gleiche Versuchsanordnung gewählt. Nur bei zwei normalen Versuchspersonen haben wir auch Kochsalztrockenversuche unter Thyreoidindarreichung durchgeführt.

A. Kochsalztrockenversuche mit Thyreoidin.

Versuch 33 und 34. Schu. und Pr., normal. 6—8 Tage vor dem Beginn des Versuches steigende Mengen Thyraden von 3 × 3 bis 3 × 6 Tabletten pro die. Versuchstag morgens 8 Uhr 20 g NaCl + 400 ccm Wasser, außerdem am Tage 3 × 6 Tabletten Thyraden. Kost wie früher.

Das Resultat der zeitlichen Ausscheidung geben die Kurven 33 und 34. Wenn auch bei Versuch 34 scheinbar eine leichte Zunahme der Wasserausfuhr zu bestehen scheint, so kann man dieser doch in Anbetracht des völlig negativen Ausfalls bei Versuch 33 und bei der Kochsalzausscheidung von Versuch 34 keinen besonderen Wert beilegen. Die NaCl-Ausscheidung in Versuch 34 ist im Gegenteil erheblich schlechter unter Thyreoidin. Dieses Versagen tritt auch in der Tabelle 35 klar hervor, in der die Ausscheidung quantitativ in 4- und 12stündiger Periode zusammengestellt ist.

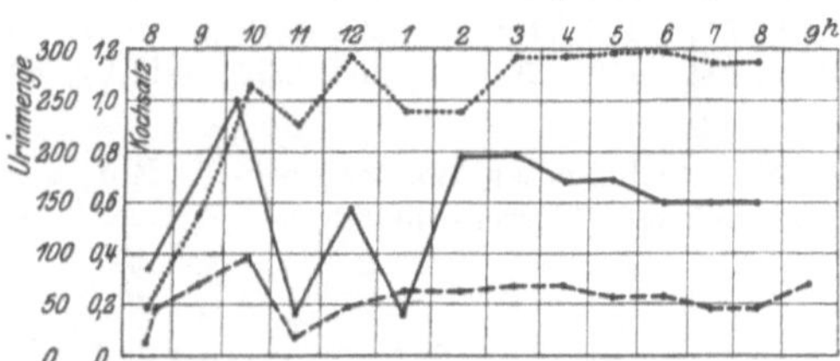

Kurve 33.

Kochsalztrockenversuch mit Thyreoidin (Schu.).

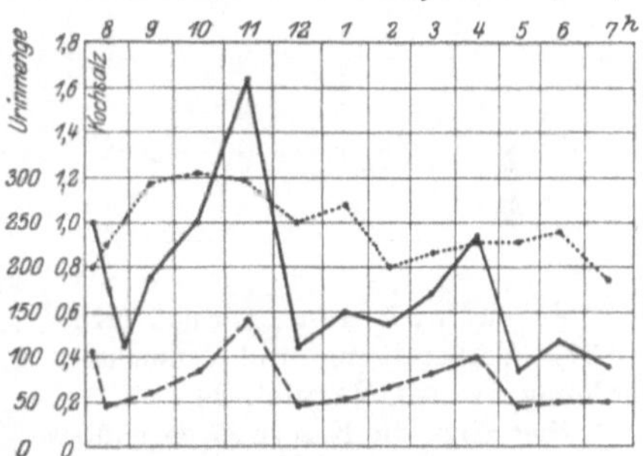

Kurve 34. Kochsalztrockenversuch mit Thyreoidin (Pr.).

B. Kombinierter Wasser- und Salzversuch mit Thyreoidin.

Wir haben auch hier wieder zwei Versuche an Normalen ausgeführt, denen wir vier Versuche an Ödemkranken folgen lassen.

Versuch 36. Ev., normal. (Kurve 36). Vorbereitung wie bei Versuch 33 und 34. Am Versuchstage morgens 8 Uhr 20 g NaCl + 1500 ccm Wasser. 3 × 6 Tabletten Thyraden.

Der Versuch zeigt, wie ein Blick auf Kurve 36 und deren Vergleich mit den früheren Kurven 27 zeigt, keinen begünstigenden Einfluß des Thyreoidins.

Tabelle 35.

Kochsalztrockenversuch mit Thyreoidin bei Normalen.

4-Stunden-Ausscheidung.

Name	Zufuhr	Ausfuhr	Bilanz	Ausscheidung in %	Zufuhr	Ausfuhr	Bilanz	Ausscheidung in %		
Schu.	400	290	—110	72,3	20	3,94	—16,06	19,7	ohne Thyreoidin	Normale Versuchspersonen bei Heimatkost
Schu.	400	161	—239	40,2	10	1,73	— 8,27	17,3	mit „	
Pr.	400	237	—163	57,5	20	3,52	—16,48	17,6	ohne „	
Pr.	400	431	+ 31	108	20	3,9	—16,1	19,5	mit „	

12-Stunden-Ausscheidung.

Name	Zufuhr	Ausfuhr	Bilanz	Ausscheidung in %	Zufuhr	Ausfuhr	Bilanz	Ausscheidung in %		
Schu.	400	730	+330	182,5	20	11,17	— 8,83	55,9	ohne Thyreoidin	Normale Versuchspersonen bei Heimatkost
Schu.	400	632	+232	172,4	10	6,03	— 3,17	60,3	mit „	
Pr.	400	722	+322	180,5	20	10,48	— 9,52	52,4	ohne „	
Pr.	400	819	÷419	205	20	8,33	—11,67	41,7	mit „	

Kurve 36. Kombinierter Wasser-Kochsalzversuch mit Thyreoidin (Ev.).

Kurve 37. Kombinierter Wasser-Kochsalzversuch mit Thyreoidin (Lor.).

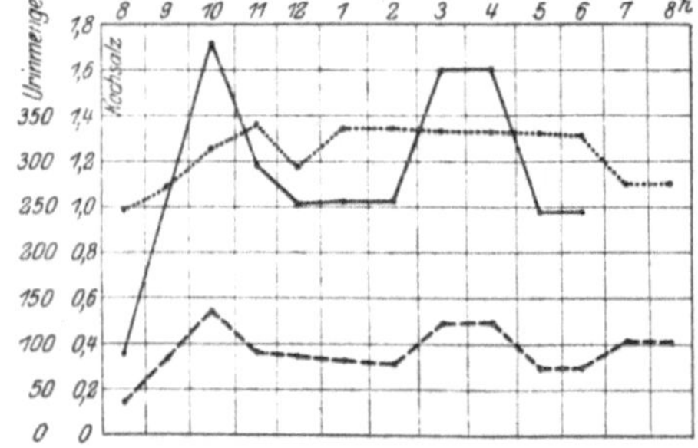

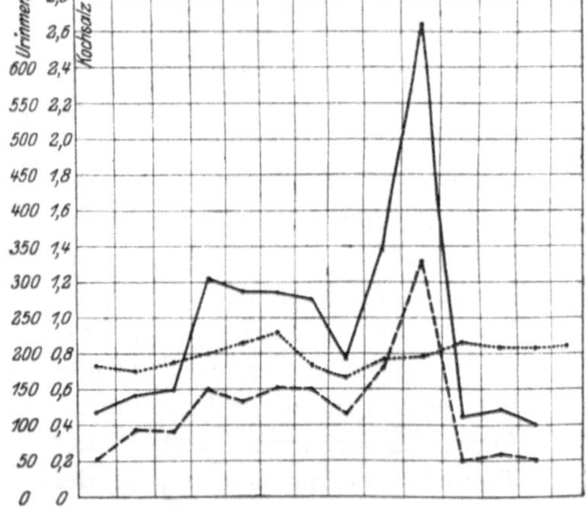

Versuch 37. Lor., normal. (Kurve 37). Vorbereitung und Versuchsanordnung wie bei Versuch 36.

Hier zeigt die Kurve 37 gegenüber der früheren Kurve 26 ohne Thyreoidin insofern einen Unterschied, als sich in der neunten Stunde ein recht erheblicher Anstieg der NaCl-Ausscheidung und auch ein geringerer der Wasserausscheidung ergibt.

Versuch 38. Ödemkranker Sim. (Kurve 38). Vorbereitung und Versuchsanordnung wie in Versuch 28. Thyraden 2 Tabletten.

Die Kurve für Kochsalz sowohl wie für Wasser steigt in der zweiten Stunde an, die Kochsalzkurve sehr stark; sie erreicht in der dritten Stunde ihren Höhepunkt, um dann sofort wieder abzusinken. Die Wasserkurve hält sich von der zweiten bis vierten Stunde auf der Höhe, sinkt dann ab und steigt später wieder an. Die prozentuale NaCl-Konzentration geht parallel mit der absoluten Kurve. Der Unterschied gegenüber der Kurve 28 ist erheblich.

Versuch 39. Ödemkranker Fed. (Kurve 39). Vorbereitung und Versuchs-

Kurve 38. Kombinierter Wasser-Kochsalzversuch mit Thyreoidin (Si.).

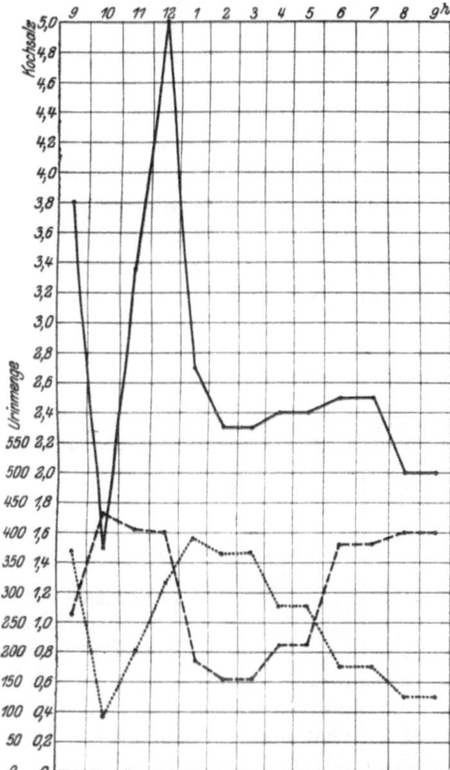

Kurve 39. Kombinierter Wasser-Kochsalzversuch mit Thyreoidin (Fe.).

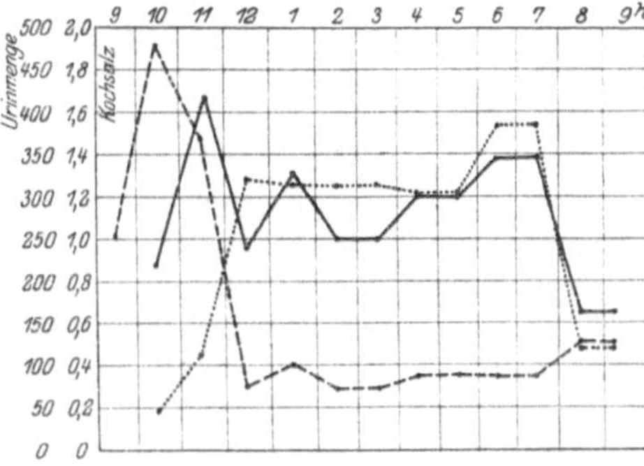

Kurve 40. Kombinierter Wasser-Kochsalzversuch mit Thyreoidin (Ce.).

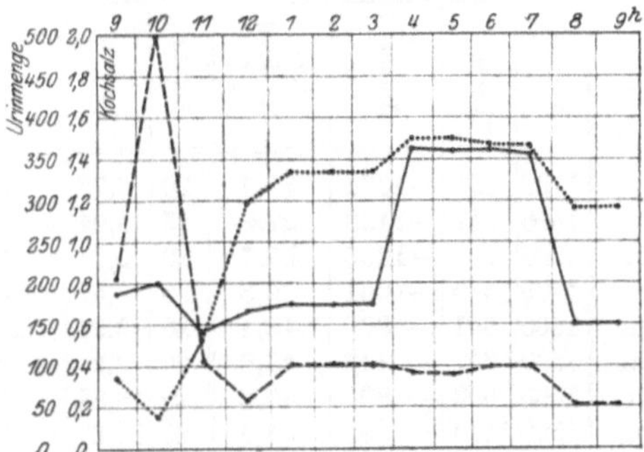

anordnung wie bei Versuch 29. Vorher 3 Tage lang 3 × 1 Tablette Thyraden, 2 Tage lang 2 × 2 Tabletten Thyraden.

Die Kurve der Wasserausscheidung steigt zu beträchtlicher Höhe, erreicht in der ersten Stunde ihren Gipfelpunkt und sinkt dann wieder stark ab. Die Kochsalzkurve zeigt erhebliche Schwankungen, die bis zu zehn Stunden anhalten. Konform mit ihr verläuft die Kurve der Konzentration.

Versuch 40. Ödemkranker Cem. (Kurve 40). Versuchsanordnung wie bei Versuch 30. Am Tage des Versuchs 6 Tabletten Thyraden.

Die Wasserausscheidung steigt in der ersten Stunde sehr hoch an, um in der zweiten Stunde rasch wieder abzufallen und bis zum Schluß des Versuches auf niederer Höhe zu bleiben. Die prozentuale NaCl-Konzentration steigt in der zweiten und dritten Stunde ziemlich hoch an und hält sich dann dauernd hoch. Die Kochsalzkurve steigt erst in der sechsten Stunde hoch an, bleibt von der siebenten bis zehnten Stunde hoch, um dann abzufallen.

Versuch 41. Ödemkranker Pi. (Kurve 41). Vgl. Kurve 31. Versuchsanordnung wie bei Kurve 31. Vorher zwei Tage lang 3 × 1 Tablette Thyraden und zwei Tage 2 × 3 Tabletten Thyraden.

Die Wasserausscheidung steigt in der ersten und zweiten Stunde zu mittlerer Höhe, um dann abzusinken und tief zu verlaufen. Die Kochsalzausscheidung

Kurv 41. Kombinierter Wasser-Kochsalzversuch mit Thyreoidin (Pi.).

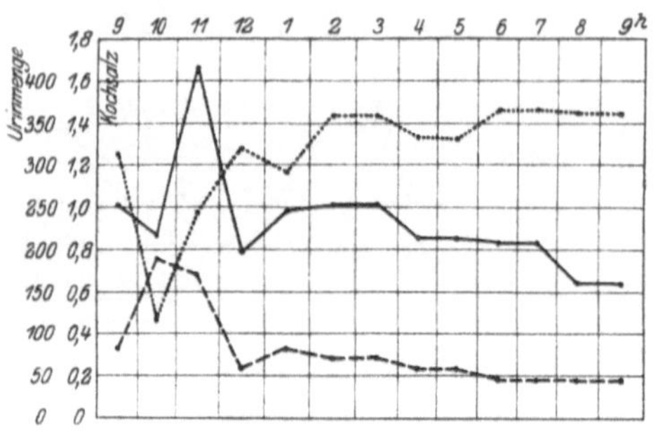

steigt in der zweiten Stunde hoch an, sinkt in der dritten Stunde wieder ab und verläuft auf mittlerer Höhe. Die prozentuale Konzentration erhebt sich in der zweiten und dritten Stunde und verläuft dauernd hoch.

Wir können nach diesen Versuchen wohl sagen, daß bei den Normalversuchen ein Einfluß des Thyreoidins nicht mit Sicherheit zu konstatieren war. Bei den

Tabelle 42.

Kombinierter Wasser-Kochsalzversuch mit und ohne Thyreoidin.

4-Stunden-Ausscheidung.

Name	Zufuhr	Ausfuhr	Bilanz	Ausscheidung in %	Zufuhr	Ausfuhr	Bilanz	Ausscheidung in %		
Ev.	1700	335	—1365	19,7	20	3,72	—16,28	18,6	ohne Thyreoidin	Normale Versuchspersonen bei Heimatkost
Ev.	1500	311	—1189	27,3	15	3,94	—11,06	18,7	mit „	
Lor.	1500	295	—1205	19,7	20	3,11	—16,89	15,5	ohne „	
Lor.	1500	439	—1061	29,3	20	3,52	—16,48	17,6	mit „	
Cem.	1500	691	— 809	46,1	20	3,24	—16,76	16,2	ohne „	
Cem.	1500	657	— 843	43,8	20	3,9	—16,1	18,5	mit „	
Sim.	1500	603	— 897	40,2	20	6,88	—13,12	34,4	ohne „	Ödemkranke
Sim.	1500	1418	— 82	94,5	20	12,67	— 7,3	63,3	mit „	
Fed.	1500	784	— 716	52,3	20	2,21	—17,79	11,1	ohne „	
Fed.	1500	1020	— 480	68,0	20	4,86	—15,14	24,3	mit „	
Pin.	1500	363	—1137	24,2	20	1,4	—18,6	7,0	ohne „ fiebert	
Pin.	1500	507	— 993	33,8	20	4,31	—15,69	21,5	mit „ fiebert	

12-Stunden-Ausscheidung.

Name	Zufuhr	Ausfuhr	Bilanz	Ausscheidung in %	Zufuhr	Ausfuhr	Bilanz	Ausscheidung in %		
Ev.	1700	1290	— 410	75,9	20	17,26	— 2,74	86,3	ohne Thyreoidin	Normale Versuchspersonen bei Heimatkost
Ev.	1500	1071	— 429	71,4	20	13,73	— 6,27	68,65	mit „	
Lor.	1500	1082	— 418	67,2	20	13,01	— 6,99	65,01	ohne „	
Lor.	1500	1549	+ 49	103,3	20	12,15	— 7,85	60,8	mit „	
Cem.	1500	1169	— 331	77,9	20	12,08	— 7,92	60,4	ohne „	
Cem.	1500	1353	— 147	90,2	20	11,69	— 8,31	58,4	mit „	
Sim.	1500	1590	+ 90	106,0	20	22,32	+ 2,32	111,6	ohne „	Ödemkranke
Sim.	1500	3719	+2219	248,0	20	31,31	+11,31	156,5	mit „	
Fed.	1500	1252	— 248	83,4	20	9,42	—10,58	47,1	ohne „	
Fed.	1500	1816	+ 316	121,0	20	13,28	— 6,72	66,4	mit „	
Pin.	1500	593	— 907	39,3	20	4,17	—15,83	20,8	ohne „	
Pin.	1500	986	— 514	65,7	20	11,05	— 8,95	55,2	mit „	

Ödemkranken scheint dagegen ein gewisser Effekt vorzuliegen, indem die Wasserausscheidung und die Kochsalzausscheidung etwas intensiver verlaufen. Noch deutlicher werden diese Verhältnisse, wenn man die Tabelle 42 betrachtet, welche die 4- und 12stündige Gesamtmenge zusammenfaßt und die Versuche mit und ohne Thyreoidin einander gegenüberstellt. Es ergibt sich daraus der geringe Effekt des Thyreoidins im Normalversuch, während in den Versuchen an Ödemkranken sowohl in der Wasserausscheidung wie in der Kochsalzausscheidung beim 4- und 12-Stundenversuch durchweg eine Steigerung der Ausfuhr unter Thyreoidinverabreichung zu konstatieren ist.

C. Kombinierte Wasser- und Salzversuche mit Adrenalin.

Die Versuche wurden an zwei Ödemkranken ausgeführt, die morgens um 9 Uhr 20 g Kochsalz und $1^{1}/_{2}$ l Wasser bekamen und denen sofort hinterher 1 mg Adrenalin subcutan injiziert wurde. Der Einfluß, wenn ein solcher überhaupt zugegeben werden kann, ist nur ein geringer. In dem Versuch Nr. 43 Pi. (Kurve 43) verläuft die Wasserkurve (nur mit einem ganz geringen Anstieg in der zweiten Stunde) durchaus niedrig, und auch die Kochsalzkurve steigt nur ganz wenig in die Höhe. Die Kurve wäre zu vergleichen mit der Kurve Nr. 31, welche entschieden höhere Ausschläge zeigt und mit der Kurve 41 (Thyreoidinwirkung), die noch viel mehr gegen die letzte absticht.

Bei dem Versuch 44 (s. Kurve 44), Pat. Ce., ist der Unterschied, soweit das

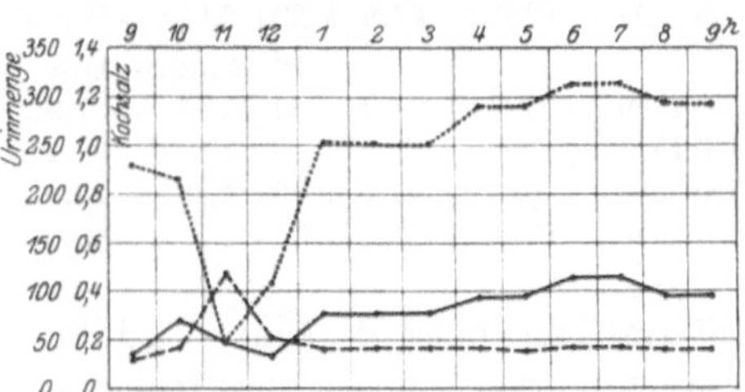

Kurve 43. Kombinierter Wasser-Kochsalzversuch mit Adrenalin (Pi.).

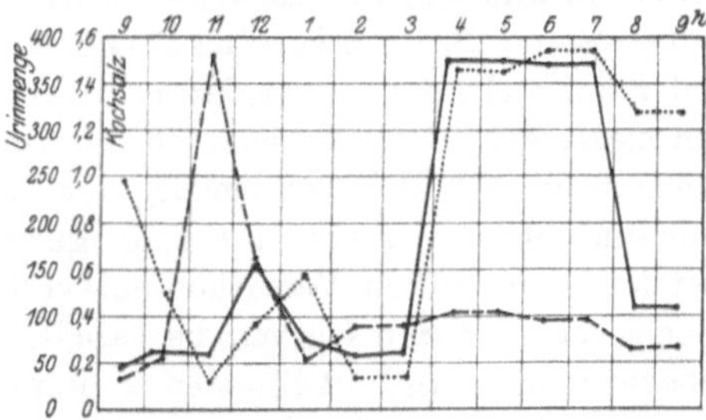

Kurve 44. Kombinierter Wasser-Kochsalzversuch mit Adrenalin (Ce.).

Kochsalz in Betracht kommt, eine geringe Verringerung der Ausscheidung. Bei der Wasserausscheidung ist so gut wie keine Differenz ersichtlich. Im Gegenteil verläuft die Kurve in ihrem Endteil eher höher als niedriger. Die erhöhte Wasserausscheidung tritt bei Adrenalinverabreichung eine Stunde später auf, und ebenso erhebt sich auch die Kochsalzkurve um mehrere Stunden später zu ihrer höchsten Höhe. Dasselbe gilt von der Kurve der prozentualen Kochsalzausscheidung.

Betrachtet man dazu die Tabelle 45, in deren Kolumnen die 4- und 12-Stunden-Gesamtmengen der Wasser- und Salzausscheidung eingezeichnet sind, so geht daraus noch deutlicher das eben Gesagte hervor. Es besteht eine leichte Tendenz für verminderte Abscheidung von Kochsalz und Wasser.

Tabelle 45.
Kombinierter Wasser-Kochsalzversuch mit Adrenalin.
4-Stunden-Ausscheidung.

Name	Zufuhr	Ausfuhr	Bilanz	Ausscheidung in %	Zufuhr	Ausfuhr	Bilanz	Ausscheidung in %		
Cem.	1500	691	— 809	**46,1**	20	3,24	—16,76	16,2	ohne Adrenalin	
Cem.	1500	649	— 851	**43,2**	20	1,6	—18,4	**8,0**	mit „	} Ödemkranke
Pin.	1500	363	—1137	**24,2**	20	1,4	—18,6	**7,0**	ohne „	
Pin.	1500	223	—1217	**14,9**	20	0,92	—19,08	**4,6**	mit „	

12-Stunden-Ausscheidung.

Name	Zufuhr	Ausfuhr	Bilanz	Ausscheidung in %	Zufuhr	Ausfuhr	Bilanz	Ausscheidung in %		
Cem.	1500	1169	— 331	77,9	20	12,04	— 7,92	**60,4**	ohne Adrenalin	
Cem.	1500	1306	— 194	87,0	20	8,85	—11,15	**44,2**	mit „	} Ödemkranke
Pin.	1500	593	— 907	**39,3**	20	4,19	—15,81	**20,8**	ohne „	
Pin.	1500	486	—1014	**32,4**	20	13,98	—16,02	**19,9**	mit „	

C. Kombinierter Wasser- und Salzversuch mit Hypophysin.

Auch hierbei wurden zwei Versuche an Ödemkranken angestellt. Beide erhielten morgens um 9 Uhr 20 g NaCl und 1½ l Wasser und sofort hinterher 2 ccm Hypophysenextrakt. Auch in diesen Versuchen (Kurve 46 und 47) war die Wirkung nicht einheitlich. Hierzu vergleiche Kurve 28 und 29. Bei Versuch 47 (Fl.) verliefen die Kurven von Wasser und Kochsalz gegenüber der unbeeinflußten (Kurve 29) entschieden niedriger. Bei Versuch 46 kommt es dagegen zu einem anfänglichen raschen und hohen Anstieg der Wasserausscheidung, die bei dem unbeeinflußten Versuch nur ganz gering ist. Die Kochsalzkurve bietet in den beiden Versuchen ein völlig verschiedenes Bild. Vergleicht man mit den Kurven die Tabelle 48, in der die quantitative Ausscheidung in 4 und 12 Stunden zusammengestellt ist, so ersieht man daraus, daß entsprechend den Kurven bei Versuch (Fe.) 47 die Wasserausscheidung unter Hypophysinwirkung absinkt, während die Kochsalzausscheidung eine deutliche Erhöhung zeigt, mithin ein Verhalten, wie es Frey (l. c.) für seine Versuche angab. Bei dem anderen Ödemkranken, Pat. Sim., Versuch 46 (Kurve 46), steigt die Kochsalzausscheidung gleichfalls an, aber gleichzeitig geht auch die Wasser-

Kurve 46. Kombinierter Wasser-Kochsalzversuch mit Hypophysin (Si.).

Kurve 47. Kombinierter Wasser-Kochsalzversuch mit Hypophysin (Fe.).

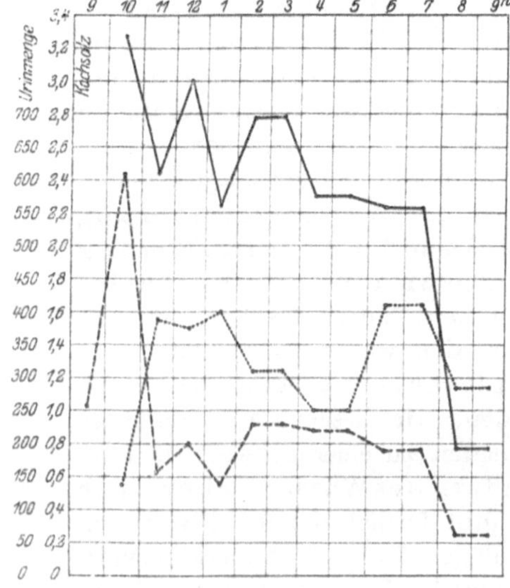

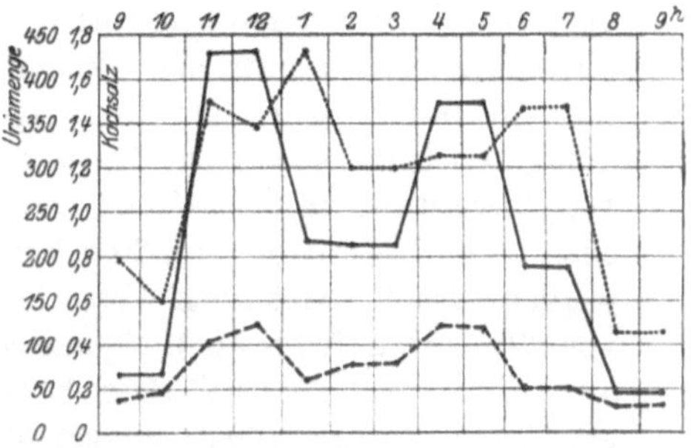

menge deutlich in die Höhe. Immerhin ist der Unterschied gegenüber
dem Adrenalinversuch, soweit die
NaCl-Ausscheidung in Betracht gezogen wird, ein sehr deutlicher:
beim Adrenalin Sinken, beim
Hypophysin Steigen der Kochsalzausfuhr.

Tabelle 48.
Kombinierter Wasser-Kochsalzversuch mit Hypophysin.

4-Stunden-Ausscheidung.

Name	Zufuhr	Ausfuhr	Bilanz	Ausschei-dung in %	Zufuhr	Ausfuhr	Bilanz	Ausschei-dung in %			
Sim.	1500	603	— 897	**40,2**	20	6,88	—13,12	**34,4**	ohne	Hypophysin	
Sim.	1500	1107	— 393	73,8	20	10,97	— 9,03	**54,8**	mit	,,	Ödemkranke
Fed.	1500	784	— 716	**52,3**	20	2,21	—17,79	**11,1**	ohne	,,	
Fed.	1500	373	—1127	**24,9**	20	4,85	—15,15	**24,3**	mit	,,	

12-Stunden-Ausscheidung.

Name	Zufuhr	Ausfuhr	Bilanz	Ausschei-dung in %	Zufuhr	Ausfuhr	Bilanz	Ausschei-dung in %			
Sim.	1500	1590	÷ 90	106,0	20	22,32	+ 2,32	**111,6**	ohne	,,	
Sim.	1500	2532	+1032	168,7	20	27,51	+ 7,51	**137,5**	mit	,,	Ödemkranke
Fed.	1500	1252	— 248	**83,4**	20	9,42	—10,58	**47,1**	ohne	,,	
Fed.	1500	898	— 602	**59,9**	20	11,23	— 8,77	**56,1**	mit	,,	

4. Zusammenfassung.

Überblickt man das Resultat der Untersuchungen, so kann zunächst
einmal in Übereinstimmung mit den in der Literatur niedergelegten
Angaben festgestellt werden, daß die Wasserausscheidung im einfachen Wasserversuch eine normale ist. Dies betonen auch

Gerhartz, Lange, Falta[1]), Knack u. Neumann[2]). Die letzteren fanden ebenso wir wir und Maase u. Zondeck eine gute Konzentrations- und Verdünnungsfähigkeit in dem Stadium nach vollendeter Ödemausschwemmung. Verlangsamung der Wasserausscheidung sah Boenheim[3]). In dem Ödemstadium und während der Ausschwemmung berichten Maase u. Zondeck über verzögerte Ausschwemmung bei Überlastung mit Kochsalz und Wasser. Lippmann beobachtete eine starke Retention von 20 g NaCl, während 10 g gut ausgeschieden werden. Nach unseren Versuchen ist die Wasserausscheidung von Wasser allein auch in dem Stadium der Ausschwemmung der Ödeme eine gute. Dasselbe konnten wir auch für den Kochsalztrockenversuch (20 g Zulage) feststellen, indem das Kochsalz ungefähr wie im Normalversuch ausgeschieden wurde. Ganz anders gestaltet sich freilich das Bild, wenn gleichzeitig Kochsalz und reichlich Wasser zugeführt werden. In diesem Fall kommt es gegenüber dem Normalen ganz entschieden zu einer erheblich verlangsamten Ausscheidung, besonders des Wassers, aber auch des Kochsalzes. Für das Kochsalz gibt freilich nur der 4-Stundenversuch stark hervorspringende Ausschläge. Dabei ist bemerkenswert, daß in unseren Versuchen bereits normale Versuchspersonen erhebliche Differenzen zeigten, indem solche, die dauernd unter einer Ernährung standen, die ungefähr der Friedensnahrung gleichkommt (also ohne Überwiegen der vegetabilischen und fettarmen Kost mit reichlicher Eiweißzufuhr), eine wesentlich bessere Ausscheidung vor allem für Kochsalz zeigten, wie solche normale Versuchspersonen, die dauernd unter der fett- und eiweißarmen, dagegen vegetabilienreichen Heimatkost standen. Es scheint also unter dem Einfluß der Ernährung sich gegenüber der Wasser- und Kochsalzausscheidung allmählich ein Zustand auszubilden, der zu der Ödemkrankheit hinüberleitet. Beim Ödemkranken kommt es, wie Lichtwitz, Schiff, Lippmann, Maase u. Zondeck, Knack u. Neumann u. a. gleichfalls angeben, zu einer starken Retention von Kochsalz und Wasser, indem durch die kochsalz- und wasserreiche Gemüsekost dauernd Bedingungen geschaffen werden, wie sie unserem kombinierten Kochsalz- und Wasserversuch entsprechen. Nach Ablauf der Ödeme werden daher zunächst, wie wir in Übereinstimmung mit den genannten Autoren feststellen konnten, große Kochsalzund Wassermengen ausgeschwemmt. Wie Schiff u. Lichtwitz fanden wir Ausschwemmungen bis 50 g täglich. Lichtwitz erwähnt sogar eine Ausschwemmung bis zu 150 g.

---

[1]) Falta, Wiener klin. Wochenschr. 1917, Nr. 52.
[2]) Knack u. Neumann, Deutsche med. Wochenschr. 1917, Nr. 29.
[3]) Boenheim, Münch. med. Wochenschr. 1917, Nr. 27.

Wie wir schon im ersten Teil ausführten, sprechen für einen Teil der Ödemkranken, die dann immer schwer krank sind, eine Reihe von Beobachtungen (Wirkung von Herzmitteln, Senkung des Blutdrucks, akute Insuffizienz des Herzens bei geringen Anstrengungen) dafür, daß kardiale Momente bei der Ödementstehung mitsprechen können. Solche Patienten scheiden dann eine verminderte Menge hochkonzentrierten Urins aus. Bei dem größeren Teil der Ödemkranken treten kardiale Erscheinungen nicht in den Vordergrund, wenigstens nicht in dem Maße, daß sie eine Urinretention mit Ödembildung erklären könnten. Hier müssen also andere Ursachen vorliegen. Daß die Niere für Wasser und Kochsalz allein eine normale Funktion zeigt, konnten wir beweisen. Die Funktionsstörung tritt erst auf, wenn Wasser und Kochsalz in großen Mengen zusammen verabreicht werden. Da die einzelnen Partiarfunktionen normal gefunden wurden, kann es sich nicht um eine intrarenale Ursache handeln. Dafür spricht auch, daß bei der kombinierten Anordnung die Störung der NaCl-Ausscheidung nur im 4-Stundenversuch wesentlich zutage tritt, während sie im 12-Stundenversuch bereits zum Teil ausgeglichen erscheint. Die Versuche mit Adrenalin und Hypophysin scheinen gleichfalls dafür zu sprechen, daß die Ausscheidungsverhältnisse in der Niere nicht gestört sind, denn die Ausschläge entsprechen einigermaßen denen, wie sie von anderen Autoren in Normalversuchen festgestellt wurden.

Von Interesse ist jedenfalls die durch unsere Versuche erhärtete Tatsache, daß bei Ödemkranken durch Verabreichung von Thyreoidin entschieden ein beschleunigender Einfluß auf die Ausscheidung von Wasser und Kochsalz veranlaßt wird, während eine solche Wirkung bei den Normalversuchen so gut wie nicht zutage tritt. Wir wissen freilich zur Zeit noch nichts Genaues über den Angriffsort des Thyreoidins. Wir wollen uns auch keineswegs auf den Boden der Eppingerschen Ödemtheorie stellen, welche zwar eine ansprechende Hypothese zu sein scheint, die aber noch keineswegs durch völlig einwandfreie Beweise gestützt wird. Immerhin ist das Thyreoidin eine Substanz, welche eine sehr weitgehende Einwirkung auf den Gesamtorganismus hat, die wohl geeignet erscheint, auf den extrarenalen intermediären Austausch von Wasser und Salzen einzuwirken. Ob ihm ein intrarenaler Einfluß zukommt, müßte erst noch durch entsprechende Versuche festgestellt werden. Uns scheint es wahrscheinlich, daß die Wirkung im wesentlichen eine extrarenale ist, zumal im Hinblick auf den Unterschied bei dem normalen Versuch und den Versuchen an Ödemkranken. Auf den weiteren Zusammenhang dieser extrarenalen Störung mit dem Wesen der Ödemkrankheit werden wir in einer späteren Mitteilung zurückkommen.

III. Chemische Untersuchungen von Blut und Ödemflüssigkeit bei der Ödemkrankheit.

Die klinische Symptomatologie der Ödemkrankheit zeigt, daß man es hier mit einer Änderung des gesamten Organismus zu tun hat, und daß die Ödeme nur als Einzelsymptome zu bewerten sind. Um einen Einblick in die Vorgänge im Organismus zu gewinnen, war es daher notwendig, Untersuchungen in den verschiedensten Richtungen anzustellen. Wir haben daher eingehende Untersuchungen über die Zusammensetzung des Blutes, einzelne auch über die Ödemflüssigkeit angestellt und Stoffwechseluntersuchungen durchgeführt, die uns vor allem Aufschlüsse über den N-Stoffwechsel liefern sollten. In dieser Mitteilung bringen wir zunächst die Untersuchungen an Blut und Ödemflüssigkeit.

A. Der Eiweißgehalt und Reststickstoff des Blutes.

Die morphologischen Untersuchungen des Blutes bei Ödemkranken ergaben in unseren Untersuchungen und in denen anderer Autoren im allgemeinen übereinstimmende Resultate. Zur Zeit der Ödeme auffallenderweise vielfach hohe, hochnormale, vereinzelt übernormale Hämoglobin- und Erythrocytenwerte, mitunter mit erhöhtem Färbeindex, in anderen Fällen dagegen mehr oder weniger starke Herabsetzung der Zahlen. Nach Ablaufen des Ödems resp. im postödematösen Stadium erfolgte ein Absinken der Werte bei ziemlich gleichbleibendem oder etwas fallendem Färbeindex. Lippmann hat dieses Verhalten direkt als „paradoxes Blutbild" bezeichnet. Von seiten der Leukocyten fanden wir normale Werte oder geringe Schwankungen nach unten bis zu 4000 (in zwei Fällen auch darunter), daneben Lymphocyten (s. klinischer Teil).

Wir haben ferner den Eiweißgehalt des Blutes in zahlreichen Fällen verfolgt. Wir verwandten dazu die refraktometrische Methode nach Pulfrich. Die Resultate wurden in einzelnen Fällen durch Blutanalysen nach Kjeldahl kontrolliert. Es ergab sich eine sehr gute Übereinstimmung.

Folgende Tabelle gibt eine Übersicht über die von uns gefundenen refraktometrischen Werte:

Tabelle 1.

Serumeiweißwerte der Patienten mit Ödemen.

Nr.	Name	Serumeiweiß %	Nr.	Name	Serumeiweiß %
1	Ber.	5,97	25	Kop.	**3,94**
2	Ab.	5,47	26	Must.	**4,10**
3	Bor.	7,04	27	Al.	6,34
4	Pon.	5,20	28	Kost.	7,24
5	Lu.	6,06	29	Scha.	5,81
6	Swan.	5,20	30	Gol.	6,25
7	Kond.	7,59	31	Gon.	5,90
8	Zub.	5,18	32	Bol.	5,29
9	Kort.	**4,20**	33	Mur.	**4,60**
10	Rut.	6,08	34	Mesch.	6,61
11	Lor.	6,94	35	Per.	4,08
12	Wen.	**4,90**	36	La.	7,09
13	Sin.	5,56	37	Rus.	5,64
14	Du.	6,45	38	Ro.	6,98
15	Kug.	5,72	39	On.	7,63
16	Dol.	7,29	40	Schma.	5,03
17	Mat.	**4,81**	41	Schka.	6,77
18	Rom.	5,68	42	Ant.	6,08
19	Rev.	5,91	43	Mur. II	**4,81**
20	Rob.	6,34	44	Deg.	6,81
21	Rot.	7,15	45	Do.	6,66
22	Pach.	5,77	46	F.	5,23
23	Storz.	5,47	47	L.	**4,90**
24	Sch.	5,36	48	B.	**4,80**

In Tabelle 2 sind einige Beispiele zusammengestellt von Ödemkranken ohne Ödem, die ebenfalls niedrige Serumeiweißwerte zeigen. Immerhin sinken die Werte, wie wir an einer großen Anzahl derartiger Kranker feststellen konnten, nicht auf die tiefen Werte herab, welche die Kranken mit Ödemen aufweisen.

Tabelle 2.

Serumeiweißwerte der Patienten ohne Ödeme.

Nr.	Name	Serumeiweiß %	Nr.	Name	Serumeiweiß %
1	Mosch.	5,47	6	Mal.	5,47
2	K.	5,18	7	Pi.	6,10
3	Cem.	5,93	8	Jer.	5,34
4	Lup.	6,94	9	Pup.	5,81
5	Bu.	4,85	10	Iw.	6,10

Die Bestimmung des Eiweißgehaltes im Blutserum ergibt regelmäßig eine Herabsetzung. Gegenüber den normalen Werten von 7—9%

(Reiss), 6,77—8,86% (Böhme) und 6,24—9% (Veil) fanden sich bei unseren Kranken in der Mehrzahl Werte zwischen 5—7%, häufig sogar noch unter 5 bis zu 4% und darunter. Der niedrigste Wert, den wir beobachteten, betrug 3,94%. Die Bestimmungen des Brechungsindex wurden stets bei Bettruhe vorgenommen.

Im Stadium der Ödeme ist diese Herabsetzung des Brechungsindex sicher zum großen Teil auf die durch die allgemeine Hydropsie bedingte Verwässerung des Blutes zurückzuführen. Dementsprechend finden sich auch bei unseren Patienten die besonders starken Ödeme meist mit sehr niedrigen Serumeiweißwerten verknüpft. Als Beispiele sei auf die Fälle Nr. 1 und 2 (s. Krankenblätter in Mitt. I) verwiesen. Hier waren die Ödeme außerordentlich stark, die prozentualen Eiweißwerte des Serums betrugen 3,94 und 4,2%. Diese Verwässerung des Blutes ist aber unserer Meinung nach nicht die einzige Ursache für die Herabsetzung des Brechungsindex. Eine Reihe von klinischen Momenten scheint uns vielmehr dafür zu sprechen, daß gleichzeitig auch eine tatsächliche Einschmelzung von Serumeiweiß vorliegt, daß also die niedrigen Indexwerte zum Teil durch eine absolute Verminderung des Eiweißgehaltes des Serums bedingt sind. Zunächst spricht für diese Anschauung die Tatsache, daß bei vielen unserer Patienten die Hämoglobinwerte auffallend hoch waren bei niedrigem Serumindex (s. Tabelle 3 und 4)[1]).

Tabelle 3.

Kranke mit Ödemen.

Name	Hämoglobin korr. %	Serumindex %	Ödeme	Name	Hämoglobin korr. %	Serumindex %	Ödeme
K.	100	5,36	stark	S.	100	4,87	stark
S.	100	3,94	„	F.	93	4,59	„
M.	95	4,10	„	B.	97	4,45	„
L.	98	6,06	„	F.	100	5,36	„

Nach der Ausschwemmung der Ödeme steigen nun nicht Hämoglobin- und Indexwerte gleichsinnig an, wie man es bei einer einfachen Verdünnung des Blutes erwarten sollte, sondern sie zeigen ein durchaus gegensätzliches Verhalten: der Serumindex steigt an, der Hämoglobinwert sinkt (s. Kurve 5). Auch das Verhalten der Körpergewichtskurve zur Indexkurve (s. Kurve 5 u. 6) spricht im Sinne einer Eiweißarmut des Serums. Wären die niedrigen Eiweißwerte nur durch eine Verdünnung des Blutes bedingt, so müßte mit dem Ausscheiden der Ödeme Körpergewicht- und Indexkurve entgegengesetzt

---

[1]) So haben wir z. B. Hämoglobinwerte von 100% bei Serumeiweißwerten von nur 5,36 und sogar 3,94%! (s. Tab. 3).

Tabelle 4.

Ödemkranke ohne Ödem.

Name	Hämoglobin %	Serumindex %	Name	Hämoglobin %	Serumindex %
C.	98	5,95	R.	100	6,49
W.	95	6,08	P.	100	5,95
M.	100	6,25	D.	81	5,72
O.	100	6,23	P.	97	5,47
R.	100	6,27	A.	100	5,47
S.	100	6,19	K.	100	6,49
S.	100	6,04	J.	100	5,60
S.	87	6,49	K.	92	5,18
R.	93	5,36			

verlaufen, das Körpergewicht müßte infolge des Ausscheidens der Ödeme sinken, der Index infolge der allmählich wieder einsetzenden Konzentration des Blutserums ansteigen. In unseren Fällen sehen wir vielfach das Gegenteil. Index und Körpergewichtskurve bewegen sich gleichsinnig. So steigen beispielsweise bei Kurve 5 und 6 (Fall 1 u. 2) unter dem Einfluß einer eiweißreichen Ernährung das Körpergewicht und die Kurve des Serumeiweißes gleichmäßig an. Es ist das ein Verhalten, wie es auch Reiss als charakteristisch angibt für Fälle, bei denen die Herabsetzung des Index durc einen tatsächlichen Eiweißverlust de~ Serums bedingt ist und wo nun mit der Besserung des Ernährungszustandes und dem hierdurch bedingten Ansteigen des Körpergewichts gleichsinnig auch ein Ersatz des verbrauchten Serumeiweißes statthat. Für unsere Ansicht, daß wir es mit einem hochgradigen Verlust an Serumeiweiß bei unseren Fällen zu tun haben, spricht auch der Umstand, daß wir eine größere Zahl von Kranken beobachten konnten, die alle Zeichen der „Ödemkrankheit" aufwiesen, nur

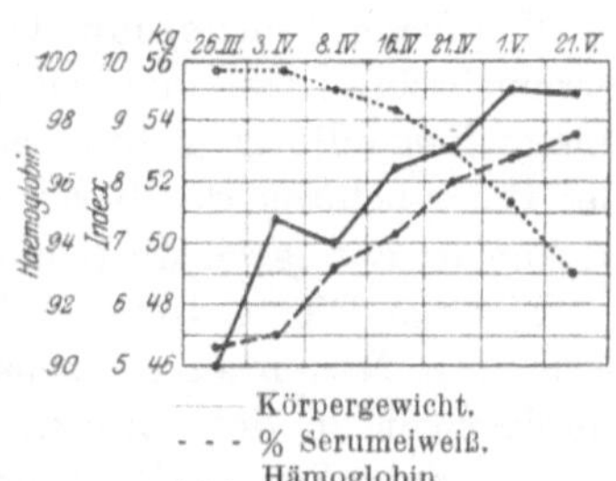

Kurve 5. Patient K.

—— Körpergewicht.
- - - % Serumeiweiß.
. . . Hämoglobin.

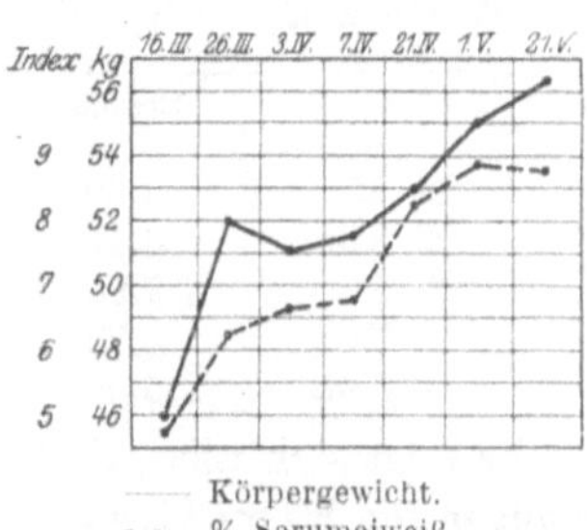

Kurve 6. Patient Schi.

—— Körpergewicht.
- - - % Serumeiweiß.

daß die Ödeme selbst fehlten. Es handelte sich gewissermaßen um Ödemkranke ohne Ödem. Sie zeigten hochgradige Abmagerung, die charakteristische Bradykardie und Hypotonie. Auch bei diesen Kranken war der Serumindex ein sehr niedriger (in einem Falle sogar nur 4,2% Serumeiweiß!), obwohl auch nicht die geringsten Ödeme nachweisbar waren (s. Tab. 2).

Wir haben des weiteren eine größere Zahl Ödemkranker ohne Ödem, d. h. Leute, welche zum Teil noch in recht schwerer Arbeit standen, untersucht und bei ihnen Körpergewicht, Körperlänge, Hämoglobingehalt, Blutdruck und Serumindex bestimmt. Es zeigte sich, daß im allgemeinen den niedrigeren Körpergewichten auch ein herabgesetzter Serumeiweißwert zwischen 5—7% entsprach, jedenfalls stiegen die Serumeiweißwerte mit den Körpergewichtswerten im allgemeinen an[1]). Ausnahmen waren hier allerdings auch vorhanden, so daß bei starkem Körpergewichtsdefizit auch normal hohe Eiweißwerte gefunden wurden. Diese Schwankungen kamen zum großen Teil wohl dadurch zustande, daß diese Leute nicht bei Bettruhe, sondern während ihrer gewöhnlichen Beschäftigung untersucht werden mußten. Daß körperliche Arbeit den Serumindex wesentlich erhöht, ist bekannt (Böhme). Es stünde also zu erwarten, daß die niedrigen Serumeiweißwerte der untersuchten Leute bei Bettruhe noch wesentlich geringer ausgefallen wären. Jedenfalls müssen Serumwerte von beispielsweise 5,36% und solche zwischen 5—7% überhaupt für einen arbeitenden Mann als abnorm niedrig gelten.

Von diesen Leuten mit starkem Körpergewichtsdefizit und niedrigen Serumeiweißwerten sind einige später mit typischen Ödemen in unsere Behandlung gekommen. Viele von ihnen wiesen auch zur Zeit der Untersuchung des Serumindex bereits recht erhebliche Blutdrucksenkungen auf (s. 5. Mitteilung Anhang Tab. I).

Niedrige Werte für den Brechungsindex des Serums fanden auch Knack u. Neumann, ebenso berichtet Lippmann, daß der Serumeiweißgehalt an der unteren Grenze der Norm liege (6,3—7%).

Von einer Anzahl Kranker haben wir auf chemischem Wege sowohl Stickstoff- wie Rest-N-Bestimmungen des Blutes gemacht. Die Werte zeigt folgende Tabelle.

	Eiweiß	Rest N		Eiweiß	Rest N
1. Al.	6,39	0,045	6. Schi.	5,02	0,005
2. Kop.	6,10	0,098	7. Mu.	4,7	0,07
3. Ro.	5,9	0,112	8. Di.	4,67	0,050
4. Ri.	5,77	0,064	9. Ca.	4,46	0,050
5. Sim.	5,5	0,039	10. Fe.	4,2	0,037

Es zeigt sich also, daß entsprechend den refraktometrischen Bestimmungen die Eiweißwerte des Serums stark erniedrigt sind. Für den Rest-N gibt Strauß als obere Grenze des Normalen etwa 30—40 mg, Hohlweg 53 mg im Mittel an. Die von uns gefundenen Werte halten sich danach zum Teil in normalen Grenzen, zum Teil

---

[1]) So hatten z. B. 23 Leute mit einem Gewichtsdefizit von 19—25 kg einen Durchschnittswert für den Eiweißgehalt des Serums von 6,4%, während 23 weitere mit nur geringem Defizit bis zu 7 kg einen Serumwert von durchschnittlich 7,6% aufwiesen.

sind sie deutlich erhöht. In der Literatur finden sich Angaben über den Rest-N bei Ödemkranken. Maase u. Zondeck fanden ihn erhöht, während Knack u. Neumann und Feigl wie wir ein regelloses Verhalten feststellten, indem sich bald unter-, bald übernormale Werte ergaben. Lippmann hatte Werte an der oberen Grenze des Normalen. Knack u. Neumann sowie Feigl fanden den Gehalt des Serums an Kreatin stark erhöht, während das Kreatinin und die übrigen Stoffwechselfunktionen sich normal verhielten.

B. Blutzucker- und andere Untersuchungen.

Bei verschiedenen Ödemkranken wurden Blutzuckerbestimmungen (nach Bang) ausgeführt. Wir bringen die Resultate in der folgenden Zusammenstellung.

	Blutzucker %			Blutzucker %
1. Feder.	0,075		7. Sab.	0,127
2. Fedick.	0,097		8. Sim.	0,129
3. Cern.	0,104		9. Bant.	0,159
4. Rieg.	0,105		10. Pon.	0,20
5. Dif.	0,109		11. Fock.	0,172
6. Pin.	0,091		12. Alex.	0,258

Die Bestimmungen ergeben das Resultat, daß der Blutzucker normal, in vielen Fällen aber auch erhöht ist. In der Literatur findet sich eine Angabe von Knack u. Neumann, wonach der Blutzucker im Ödemstadium vermindert (Folge der Hydrämie), bei der Ausscheidung der Ödeme vermehrt ist. Unsere Werte sind an Ödemkranken gewonnen, die im Ausschwemmungsstadium sich befanden oder die Ödeme bereits verloren hatten. Es dürfte also eine Übereinstimmung mit Knack u. Neumann und Feigl vorliegen.

Wir erwähnen hier, da uns eigene Untersuchungen nicht zur Verfügung stehen, einige Untersuchungen über den Fett- und Lipoidgehalt des Blutes. Vor allem haben sich Knack u. Neumann mit derartigen Untersuchungen beschäftigt. Sie stellten fest, daß der Lipoidphosphor eine Verminderung, der Säurephosphor eine Vermehrung zeigt. Das Gesamtfett und die Fettsäuren, besonders das Neutralfett waren herabgesetzt. Endlich fanden sie eine starke Verminderung des Lecithingehaltes der roten Blutkörperchen bei normalem Cholesteringehalt.

Das spezifische Gewicht des Blutes wurde von Hülse bestimmt. Gewöhnlich variierten die Zahlen zwischen 1,047 und 1,052 für das Gesamtblut und zwischen 1,021 bis 1,027 für das Serum (Methode nach Hammerschlag). Die niedrigsten Werte für das spez. Gewicht fand er bei einem Kranken mit nur geringen Ödemen mit 1,038 für das Blut und 1,0145 für das Serum. Gerhartz stellte für das spez. Gewicht des Serums in einem Falle den Wert 1,020 fest.

Was den Trockenrückstand anbelangt so fanden ihn Gerhartz ebenso wie Maase u. Zondeck vermindert.

C. Ödemflüssigkeit und Höhlenergüsse.

In einigen Fällen haben wir bei der Autopsie Ödemflüssigkeit und Höhlenergüsse gewonnen und analysiert. In einem Falle wurde beim Lebenden aus den prallen Ödemen durch Punktion Ödemflüssigkeit erhalten.

Die Ödemflüssigkeit des Patienten Fed. enthielt refraktometrisch unter 1% Alb. bei einem Rest-N von 0,042 g. Der Kochsalzgehalt war 0,62% (Kochsalzgehalt des Blutes 0,702%). Die Analysen ergaben also dieselben Werte wie die Ödeme anderer Ätiologie. Maase u. Zondeck, ebenso auch Falta sprechen gleichfalls von einem niedrigen Eiweißgehalt des Ödems. Auffallend ist, daß der NaCl-Gehalt des Ödems etwas niedriger ist als der des Blutserums. Nach Strauß u. Halpern [zit. nach v. Noorden[1]) wie nach Fr. Müller[2])] sind die Ödeme immer etwas kochsalzreicher als das Serum. Der Unterschied beträgt etwa 5—7%. Bei Nephritikern findet man im Liter Blutserum 5—6 g, im Liter Ödemflüssigkeit 6—7,5 g Kochsalz. Allerdings haben wir die Bestimmungen nur in diesem einen Fall durchgeführt.

Die Untersuchungen an dem Leichenmaterial ergaben folgende Resultate:

Fall Schap.   Ödem: Eiweiß (refraktom.) unter 1‰.
                    Reststickstoff 0,013%.
                    Kochsalz 0,64%.
          Ascites: Eiweiß (refraktometrisch) 1,3‰.
                    Rest - N 0,012%.
                    Kochsalz 0,579%.
Fall Prach. Ascites: Eiweiß (Kjeldahl) 2,28‰.
                    Rest - N 0,013%.
                    Kochsalz 0,725%.
                    $\triangle$ — 0,76.
          Perikardialexsudat:: Eiweiß 1,92‰.
                    Rest - N 0,064%.
                    Kochsalz 0,749%.
                    $\triangle$ — 0,66.
Urin (aus der Blase): N 0,86%.
                    Kochsalz 0,912%.
                    $\triangle$ — 1,4.

Im großen und ganzen halten sich die Werte in den Grenzen, wie wir sie für Ödeme und Transsudate anderer Ätiologie kennen.

---

[1]) Fr. v. Müller, Veröffentlichungen aus d. Gebiete d. Militärsanitätswesens **65**.
[2]) v. Noorden, Handbuch der Pathologie des Stoffwechsels 1903.

IV. Stoffwechsel der Ödemkranken.

Neben dem Ödem fällt bei der Ödemkrankheit die starke Abmagerung am meisten ins Auge. Hin und wieder kamen allerdings Kranke zur Beobachtung, bei denen der allgemeine Ernährungszustand scheinbar noch ganz gut war. Bei diesen trat dann oft die Abmagerung erst zum Vorschein, wenn die Patienten längere Zeit in Krankenbehandlung waren, in der die hohen Urinmengen das Ablaufen von retiniertem Wasser anzeigten. Der gute Ernährungszustand war also nur ein vorgetäuschter. Die sichtbare Abmagerung fand ihre Bestätigung in dem mehr oder weniger hochgradigen Gewichtsdefizit und vor allem in dem pathologisch-anatomischen Befund, der durch den völligen Schwund des Fettes und des Glykogens, durch Lipoidarmut der Gewebe und durch eine Atrophie sämtlicher Organe gekennzeichnet war. Diesen Befunden entspricht das Blut. Es zeigt eine hochgradige Verminderung des Eiweißgehaltes (niedrige Indexwerte und Eiweißanalysen), die, wie wir vorne auseinandersetzten, nicht allein auf Hydrämie, sondern auch auf eine tatsächliche Eiweißverarmung des Blutes zurückzuführen ist. Ferner wurde analytisch eine Verminderung des Lipoidphosphors und eine Herabsetzung des Gesamtfettes, besonders des Neutralfettes, und eine Verminderung des Lecithingehaltes der roten Blutkörperchen festgestellt. Es liegt also bei den schwersten Fällen eine einfache Verarmung an Eiweiß, Fett und Kohlenhydraten vor.

Eine endogene Ursache für die Abmagerung ist nicht vorhanden. Wir kommen darauf in der nächsten Mitteilung noch eingehender zurück. Der ganze Zustand muß deshalb auf die Mängel der Kriegsernährung zurückzuführen sein.

Über die calorischen Ernährungsverhältnisse der in unsere Beobachtung gekommenen Leute finden sich genaue Angaben in Tabelle 1.

Die Zusammensetzung der Kost war folgende: Reis, Backobst, Marmelade, Brot; oder: Graupen, Klippfisch, Schmalzersatz, Brot; oder: Dörrgemüse, Fleisch, Marmelade, Brot; oder: Nudeln, Fleisch, Schmalzersatz, Brot.

Tabelle 1.

Nr.		Eiweiß	Fett	Kohlen-hydrate	Asche	Ca-lorien	
1.	Januar 17	49,12	5,05	355,34	15,79	1705,20	
2.	Januar 17	47,81	4,06	308,18	18,54	1497,28	Schwerarbeiter
3.	Januar 17	39,66	3,34	230,31	14,10	1137,10	Leichtarbeiter
4.	Januar 17	31,02	3,80	487,64	15,02	1670,18	Schwerarbeiter
5.	Januar 17	22,87	2,98	409,77	10,58	1310,10	Leichtarbeiter
6.	März 17	53,52	14,40	294,59	19,17	1561,56	Schwerarbeiter
7.	März 17	45,37	13,58	216,77	14,73	1201,38	Leichtarbeiter
8.	März 17	57,26	17,01	326,45	16,71	1731,28	Schwerarbeiter
9.	März 17	49,11	16,19	248,58	12,25	1371,10	Leichtarbeiter
10.	März 17	56,91	15,60	351,55	17,36	1819,63	Schwerarbeiter
11.	März 17	48,76	14,78	273,68	12,92	1459,44	Leichtarbeiter

Dabei war das Brot, das in Mengen von 550—600 g für die Schwerarbeiter, von 400 g für die Leichtarbeiter verabreicht wurde, der wesentlichste Bestandteil der Nahrung. Infolge der außerordentlichen Lebensmittelknappheit des Winters 16/17 mußte auch das Brot sehr gestreckt werden. Das vorliegende Brot war im wesentlichen ein Kleiebrot mit geringem Mehlzusatz und Zusatz von Spelzenmehl. Es enthielt infolgedessen viel schlecht ausnutzbares Material, wie Spelzen, Hülsen von Körnern, auch ganze Körner; Rüben oder Kartoffeln waren nicht hineinverarbeitet. Bei der Calorienberechnung wurde das Brot mit den Werten des Friedenskommißbrotes eingesetzt; es ist klar, daß diese für das minderwertige Kleiebrot entschieden zu hoch sind. Es muß damit gerechnet werden, daß die oben angegebenen Analysenzahlen für die Kostformen teilweise sicherlich zu hoch, jedenfalls etwa die obere Grenze dessen darstellten, was tatsächlich gegessen wurde. Bringt man noch die schlechte Ausnützung in Anrechnung, so ergeben sich meistens wesentlich kleinere Werte.

Es muß ferner berücksichtigt werden, daß die Leute im Winter 17 bei großer Kälte (—10 bis —33°) arbeiten mußten, wobei die Bekleidung zum Teil mangelhaft war. Die Schwerarbeiter waren im wesentlichen bei Bahnbauten und Forstarbeiten verwandt.

Es dürfte sicher sein, daß unter diesen Verhältnissen die Gesamtmenge der zugeführten Calorien viel zu niedrig war. Dabei hielten sich die Eiweißmengen zwischen 45 und 55 g für die Schwerarbeiter, während sie bei den Leichtarbeitern bis auf 22,87 g heruntergingen. Das Fett war ein ganz unwesentlicher Bestandteil der Nahrung, die somit im wesentlichen aus Kohlenhydraten bestand.

Von anderer Seite liegen gleichfalls Angaben über die Kost vor, so berichtet Bürger[1]) über eine Ernährung bei Leuten, unter denen die Ödemkrankheit gehäuft auftrat, welche zeitweise im Mittel pro Tag

---

[1]) Habilitationsschrift 1918, siehe Zeitschrift f. d. g. exp. Med. 1919.

1478 Calorien mit 55,9 g Eiweiß, 8,5 g Fett und 284,6 g Kohlenhydrat enthielt. In einer anderen Periode erhielten sie im Mittel pro Tag 1565 Calorien mit 46,5 g Eiweiß, 16,2 g Fett und 300 g Kohlenhydrat.

Falta (l. c.) macht von seinen Kranken die Angabe, daß diese sich von ihrem obligaten Brotquantum und daneben von viel Gemüse (Steckrüben, Sauerkraut, Dörrgemüse) ernährten. Er hebt die Eiweißarmut der Kost hervor, die er auf 30 bis höchstens 50 g veranschlagt. Er betont ferner die Calorienarmut der Kost infolge der Fettnot, so daß 1200 bis 1400 Calorien bei seinen Beobachtungen wohl nur selten überschritten wurden. In den übrigen Arbeiten finden sich zwar keine zahlenmäßigen Angaben, doch wird überall auf die minderwertige Ernährung hingewiesen.

Wir können also mit absoluter Sicherheit sagen, daß die Kost für einen arbeitenden Menschen, besonders bei großer Kälte und mangelhafter Bekleidung, entschieden unzulänglich war, und zwar vor allem quantitativ, aber auch qualitativ, indem sie teilweise nahezu fettfrei und äußerst eiweißarm war.

Die Eiweißwerte in der Nahrung an sich waren mit Ausnahme einzelner Tage immer noch in den Grenzen, mit denen ein Mensch zur Not ausreichen kann, wenigstens hat Hinthede durch seine bekannten Versuche den Beweis für einzelne Individuen erbracht. Es scheint uns aber sicher, daß bei den einzelnen Individuen Unterschiede bestehen, und daß das Eiweißminimum keine absolut feststehende Zahl darstellt. Sicherlich ist die geringe Eiweißmenge bei dem niederen Calorienwert der Gesamtnahrung entschieden gefährlich und führt zu einer Verarmung des Organismus an Eiweiß. Jansen[1]) hat in eingehenden Versuchen bewiesen, daß für mehrere Versuchspersonen bei einem Durchschnittsgewicht von 62,1 kg eine Ernährung mit 1600 Calorien und 60,5 g Eiweiß pro Tag nicht ausreichte, um das Körpergewicht und den Eiweißbestand zu erhalten, sondern daß eine durchschnittliche Körpergewichtsabnahme von 0,28 kg und ein durchschnittlicher Eiweißverlust von 11,77 g pro Tag eingetreten ist. Der Ausfall seiner Respirationsversuche bestätigte diesen Befund und zeigte, daß bei seinen Individuen bereits der Ruhenüchternwert ca. 1400 Calorien betragen hat; eine Zulage von 500 Calorien in Form von Kohlenhydraten genügte, um Eiweiß- und Körpergleichgewicht zu erreichen. Eine weitere Verminderung der Calorienzufuhr in Form von Kohlenhydraten ließ das N-Defizit bei gleichbleibendem Gewicht noch bedeutender ansteigen. Er kommt somit zu dem Schluß, daß für seine Versuchspersonen, welche nicht körperlich erheblicher arbeiteten, eine Calorienmenge von 2000 bei einem Eiweißgehalt der Nahrung von 60,5 g ausreichte, um das Körper- und Eiweißgleichgewicht zu halten.

[1]) W. H. Jansen, Deutsches Archiv f. klin. Med. **124**, 1. 1917.

Es ist sonach durchaus verständlich, daß unsere Kranken bei der ihnen verabreichten calorienarmen (1137—1819) Ernährung bei der zu leistenden Arbeit, wobei auch die große Kälte und mangelhafte Bekleidung in Rechnung zu stellen ist, mit der Eiweißmenge von 23—57 g nicht ausreichen konnten. In der quantitativen Minderwertigkeit der Kost findet daher die Abmagerung und die Eiweißverarmung unserer Kranken ihre volle Erklärung.

Wir haben einige Stoffwechselversuche angestellt, die wir, da sie gleichfalls im Feld gemacht wurden, nur auf den Eiweißstoffwechsel ausdehnen konnten. Die Krankengeschichten der beiden Versuche finden sich in der ersten Mitteilung: Krankengeschichte Nr. 1 (Sch.) und Nr. 2 (Lop.).

1. Sch., s. Krankengeschichte 1 in der ersten Mitteilung.
Die Kranke bekam vom 13. III. bis 15. III. eine Kost, die zusammengesetzt war aus 300 g Magerfleisch, 150 g Kartoffelbrei, 50 g Reis, 3 Semmeln à 85 g, 165 g Brot, 60 g Butter, $^1/_8$ l Milch. Die Kost enthielt 114,98 g Eiweiß, 18,3 g N, 347,83 g Kohlenhydrat und 66,27 g Fett. Zusammen 2505,73 Calorien. Da Pat. danach Durchfälle bekam, wurde vom 16. III. ab folgende Kost gegeben: 100 g Haferflocken, 20 g Reis, $^1/_8$ l Milch, 40 g Butter, 3 Semmeln à 85 g = 43,31 g Eiweiß (6,92 N), 237,04 Kohlehydrat, 45,6 g Fett, 1545,34 Kalorien.
Am 18. III. Zulage von 40 g Magerfleisch und 75 g Kartoffelbrei, also Kost = 53,06 g Eiweiß (N 8,49), 250,71 Kohlenhydrat, 46,42 g Fett, 1650,91 Calorien.
Am 20. III. Zulage von 100 g Fleisch und 100 g Kartoffelbrei = 66 g Eiweiß (N 10,56), 255,94 Kohlenhydrat 47,5 Fett, 1741,36 Calorien. Vom 21. III. ab 100 g Kartoffelbrei und 150 g Fleisch. Vom 24. III. ab 150 g Kartoffelbrei und 150 g Fleisch = 77,21 g Eiweiß (N 12,4), 268,39 Kohlenhydrat, 48,4 Fett, 1839,36 Calorien. Vom 29. ab 2 Semmel à 85 g, 330 g Brot, 30 g Butter, 20 g Haferflocken, 20 g Reis, 300 g Fleisch, 150 g Kartoffelbrei, $^1/_8$ l Milch, 60 g Wurst (Cervelat). Dazu von da ab Eiereiweiß 100—120 g. Die Kost enthielt bei 110 g Eiereiweißzulage 133,58 g Eiweiß (N 21,4 g), 336,5 Kohlenhydrat, 66,35 Fett und 2471,19 Calorien.

2. Kop., s. Krankengeschichte 2 in der ersten Mitteilung.
Der Kranke bekam vom 29. III. ab folgende Kost: 2 Semmeln à 85 g, 330 g Brot, 60 g Butter, 20 g Haferflocken, 20 g Reis, 250 g Fleisch, 150 g Kartoffelbrei, $^1/_8$ l Milch und als Zulage 65—75 g Eigelb. Die Kost stellte sich bei 70 g Eigelb auf 106,09 g Eiweiß (N 16,97), 336,29 g Kohlenhydrat, 85,04 g Fett, 2529,71 Cal.

Beide Stoffwechselversuche zeigen den außerordentlichen Stickstoffhunger der Patienten, die — der schwerer erkrankte Sch. allerdings erst nach einiger Zeit — sehr große Mengen von Stickstoff zurückbehielten, so daß z. B. bei 21,4 g N Zufuhr eine positive Bilanz von 16 g N (Höchstwert von Sch.) verzeichnet ist. In die Tabellen ist weiter die Kochsalzausfuhr eingetragen, welche besonders im Beginn bei Sch. hoch ansteigt, bis auf 44,16 g pro Tag. Es findet sich ferner der Serumindex, der bei Sch. am 7. III. 3,94% Eiweiß betrug und sukzessive ansteigt, bei Kop. erhöhte er sich von 5,34% als Anfangswert. Das Körpergewicht und der Blutbefund sowie

Tabelle 2.

(Sch.) Eiweißzulage.

Datum	Urinmenge	Spez. Gewicht	N-Zufuhr	N-Ausfuhr	Bilanz	NaCl	° Gefrierpunkt C	Serumindex	Blutdruck	Körpergewicht	Hämoglobin %	Erythrocyten Mill.	Leukocyten
15./16. III.	2950	1016	18,39	16,7	+ 1,7	5,01	—1,17	4,94	60/75	46	100	4,98	6800
16./17. III.	2430		10,34	12,2	— 1,8	34,02	—1,28		95/100				
17./18. III.	2580	1019	6,92	13,1	— 6,2	41,54	—1,37		60/80				
18./19. III.	2170		8,49	7,8	+ 0,7	37,54	—1,26						
19./20. III.	2450		8,49	7,1	+ 1,4	37,24	—1,2	5,03	60/75				
20./21. III.	2330		10,56	10,2	+ 0,3	30,76	—1,0		70/100				
21./22. III.	3110		12,2	7,7	+ 4,5	44,16	—1,04		80/95				
22./23. III.	3010		12,2	5,9	+ 6,3	28,87	—0,81						
23./24. III.	2578		12,4	9,9	+ 2,5	37,92	—1,25		60/80				
24./25. III.	2680		12,4	6,4	+ 6,0	30,55	—0,87	6,02					
25./26. III.	2325		12,4	7,9	+ 4,5	25,16	—0,84		70/85	52			
26./27. III.			12,4										
27./28. III.	2221	1014	12,4	7,9	+ 4,5	21,82	—0,89	6,08	70/85				
28./29. III.	2010	1015	12,4	7,7	+ 4,7	20,9	—0,97				100		
29./30. III.	1750		21,7	6,8	+14,9	19,77	—0,98			52			
30./31. III.	2258	1015	21,4	9,4	+16,0	26,89	—1,03						
31./1. IV.	2420	1014	21,3	5,4	+15,9	21,51	—0,68		70/85				
1./2. IV.	2670	1014	21,5	9,3	+12,2	31,5	—0,87						
2./3. IV.	3140	1010							56/80	51			
3./4. IV.	3120	1015	21,4	16,0	+ 5,4	52,10	—1,46	6,68					
4./5. IV.	2940	1014	21,3	14,0	+ 7,3	24,99	—0,81						
5./6. IV.	2630	1022	21,3	21,6	— 0,3	37,87	—1,56						
6./7. IV.	2720	1013	21,4	7,9	+13,5	26,66	—0,76	6,86	58/76	51,5			
7./8. IV.			21,3										
8./9. IV.	2950	1010	19,1	6,6	+12,5	16,40	—0,57						
9./10. IV.	3100	1015	19,1	13,4	+ 5,7	24,83	—1,35		65/85				
10./11. IV.	2800	1013	19,1	9,2	+ 9,9	21,0	—1,3						
11./12. IV.	2900	1014	19,1	11,7	+ 7,4	22,95	—0,83						
12./13. IV.	3300	1015	19,1	12,5	+ 6,6	29,4	—0,87	7,34					
13./14. IV.	3000	1010	19,1	14,6	+ 4,5	28,2	—0,86						
14./15. IV.	2200	1014	19,1	5,7	+13,4	13,27	—0,6						

Vom 15. IV. bis 12. V. Unterbrechung des Versuches. Der Kranke erhält in dieser Zeit dieselbe Kost weiter. Serumindex am 20. IV. 8,49, am 1. V. 8,72. Körpergewicht am 21. IV. 53 kg, am 1. V. 55 kg.

Datum	Urinmenge	Spez. Gewicht	N-Zufuhr	N-Ausfuhr	Bilanz	NaCl	° Gefrierpunkt C	Serumindex	Blutdruck	Körpergewicht	Hämoglobin %	Erythrocyten Mill.	Leukocyten
12./13. V.	3200	1011	15,3	12,1	+ 3,2	29,14	—0,64						
14./15. V.	3100	1020	15,3	23,1	— 7,8	36,27	—1,3						
15./16. V.	3500	1016	15,3	15,8	— 0,5	36,05	—1,04						
16./17. V.	3000	1011	15,3	7,5	+ 7,8	15,51	—0,54						
17./18. V.	3300	1017	19,5	22,5	— 3,0	38,61	—1,23						
18./19. V.	3000	1013	12,7	11,9	+ 0,8	26,85	—0,83			56,3	93	4,04	7900
19./20. V.	2800	1013	15,3	13,0	+ 2,3	21,28	—0,88		85/95				
20./21. V.	3100	1010	15,3	8,0	+ 7,3	19,41	—0,50	8,75					

In einer Periode von 5 Tagen wurde der Stuhl gesammelt und auf N analysiert. Es fand sich eine durchschnittliche tägliche N-Ausfuhr von 0,76 g. Am 7. III., dem ersten Tage der Beobachtung des Patienten, war der Serumeiweißgehalt 3,94%!

Tabelle 3.
(Kop.) Fettzulage.

Datum	Urinmenge	Spez. Gewicht	N-Zufuhr	N-Ausfuhr	Differenz	NaCl	Gefrierpunkt ° C	Index	Blutdruck	Körpergewicht	Hämoglobin %	Erythrocyten Mill.	Leukocyten
25./26. III.	2100		14,9	14,3	+ 0,6	24,99	—1,26	5,34	70/90	46	100	4,3	5400
26./27. III.			14,9					5,51					
27./28. III.	3040	1009	14,9	6,1	+ 8,8	26,14	—0,59						
28./29. III.	2400	1011	14,9	6,1	+ 8,8	22,46	—0,73		90/105				
29./30. III.	1400		16,9	4,4	+12,5	12,94	—0,85						
30./31. III.	1900	1016	16,8	7,3	+ 9,5	21,45	—0,9		60/75				
31./1. IV.	1620	1013	17,1	4,6	+12,5	14,77	—0,77						
1./2. IV.	1320	1013	17,0	6,0	+11,0	14,65	—1,05						
2./3. IV.	2370	1011	17,0					5,49	55/73	50,9	100	4,2	6300
3./4. IV.	2140	1013	16,9	9,0	+ 7,9	24,45	—1,03						
4./5. IV.	1980	1009	17,0	3,6	+13,4	15,74	—0,58						
5./6. IV.	1740	1012	17,0	5,3	+11,7	15,49	—0,68						
6./7. IV.			16,9				—0,37		66/76				
7./8. IV.	1960	1012	17,0	5,1	+11,9	14,70	—0,62	6,64	73/87	50,0			
8./9. IV.	2190	1011	15,2	5,2	+10,0	18,33	—0,76						
9./10. IV.	2400	1010	15,2	3,6	+11,6	16,8	—0,46						
10./11. IV.	2900	1008	15,2	4,6	+10,6	13,63	—0,4						
11./12. IV.	3060	1013	15,2	6,2	+ 9,0	17,14	—0,53						
12./13. IV.	2800	1008	15,2	7,2	+ 8,0	20,44	—0,68						
13./14. IV.	3200	1007	15,2	5,2	+10,0	22,46	—0,44						
14./15. IV.	2400	1009	15,2	4,4	+10,8	9,41	—0,5	7,20	74/95	52,5	97	4,46	7200

In der Zeit vom 15. IV. bis 12. V. Unterbrechung des Versuches. Der Kranke bleibt bei derselben Kost. Serumindex am 20. IV. 8,06%, am 1. V. 8,39%. Körpergewicht 55 kg.

Datum	Urinmenge	Spez. Gewicht	N-Zufuhr	N-Ausfuhr	Differenz	NaCl	Gefrierpunkt ° C	Index	Blutdruck	Körpergewicht	Hämoglobin %	Erythrocyten Mill.	Leukocyten
12./13. V.	3100	1011	15,3	7,0	+ 8,3	20,15	—0,54						
14./15. V.	3000	1014	15,3	12,3	+ 3,0	35,1	—1,24						
15./16. V.	3100	1010	15,3	7,8	+ 7,5	24,49	—0,52						
16./17. V.	3000	1010	15,3	10,0	+ 5,3	24,3	—0,91						
17./18. V.	3000	1010	19,5	10,0	+ 9,2	21,6	—0,79						
18./19. V.	3100	1010	12,7	9,6	+ 3,1	26,04	—0,79			54,7	93	4,88	6400
19./20. V.	3000	1015	15,3	15,1	+ 0,2	30,9	—1,04		80/100				
20./21. V.	2100	1019	15,3	13,7	+11,6	15,54	—0,50	8,75					

Blutdruck sind eingezeichnet. Es ist ersichtlich, daß das Körpergewicht gut ansteigt; bei Sch. von 46 auf 56,3 kg, bei Kop. von 46 auf 54,7 kg, wobei zu bemerken ist, daß die Leute erst in den Versuch eingestellt wurden, als die Ödeme ausgeschwemmt waren. Daher kommt es, daß die Werte für Serumindex und Körpergewicht gleichsinnig ansteigen, ein Beweis dafür, daß der niedrige Serumindex nicht mehr durch eine Verwässerung des Blutes, sondern durch eine starke Eiweißverarmung hervorgerufen war, die mit Hebung des Allgemeinzustandes sich sukzessive besserte, bis bei beiden, bei Sch. nach 2 Monaten, bei Kop. nach knapp 2 Monaten der normale Wert 8,75% erreicht ist.

Auffallend ist endlich das Verhalten des **Blutdruckes**, der bei beiden durch die Bettruhe zunächst absank, bei Sch. ist dann nur ein ganz geringes Hochgehen, bei Kop. ein etwas stärkeres Steigen zu ersehen. Bei Sch. ist der Endwert nach 2 Monaten 85/95, bei Kop. 80/100 mm Hg (Riva-Rocci). Mit der Blutdrucksenkung geht, wie wir schon in der ersten Mitteilung sagten, eine Bradykardie einher, die jedoch häufig rascher verschwindet, als die Erniedrigung des Blutdruckes. Daß eine hypotonische Bradykardie bei chronischer Unterernährung vorkommt, hat schon Herz[1]) angegeben. Auch Falta (l. c.) weist auf das Vorkommen der Bradykardie bei der gewöhnlichen chronischen Inanition hin.

Als ein Zeichen der chronischen Unterernährung muß auch die Anreicherung des Blutes mit Kreatin, das mit dem Zerfall der Muskelsubstanz resp. der Einschmelzung Hand in Hand zu gehen pflegt (Bürger u. a.), aufgefaßt werden. Hierher gehört ferner der von Feigl (l. c.) erhobene Befund (Lipoidverarmung, Acetongehalt des Blutes, vermehrter Gehalt an Ammoniak, Aminosäurenstickstoff). Auch die Erhöhung des Blutzuckers dürfte als kompensatorische Vorkehrung zu deuten sein. Schließlich hat Hülse darauf hingewiesen (auf Grund von Untersuchungen der N-Ausscheidung an 12 Kranken, bei denen er vor Beginn reichlicher Ernährung 2 Hungertage einschaltete), daß an den Hungertagen eine minimale N-Ausscheidung (2—3 g pro Tag) vorliegt, während sonst normale Individuen (s. bekannte Versuche an Hungerkünstlern) in den ersten Tagen 10—12 g N ausscheiden. Auch hierin liegt ein Hinweis darauf, daß der Eiweißumsatz bei Ödemkranken abnorm reduziert ist.

---

[1]) Herz, Herzkrankheiten. Wien-Leipzig 1912.

V. Die Pathogenese der Ödemkrankheit.

Da die ersten Fälle von Ödemkrankheit vielfach zusammen mit Infektionskrankheiten, wie Fleckfieber, Ruhr, Recurrens beobachtet worden sind, so wurden sie vor allem von Rumpel u. Knack (l. c.) zunächst in ätiologischen Zusammenhang mit diesen gebracht. Jürgens (l. c.), der Ödemkrankheit bei Fleckfieberkranken sah, hat im Gegensatz dazu sofort darauf hingewiesen, daß es sich hier sicherlich um zwei verschiedene Ursachen handle, indem er der mangelhaften Ernährung, nicht dem Fleckfieber die Hauptschuld am Auftreten der Ödemkrankheit beimaß. Es zeigte sich dann im Laufe der Zeit, daß die Ödemkrankheit sicherlich nicht an Infektionen gebunden ist, wenn sie auch zweifellos zusammen mit diesen auftreten kann. Rumpel u. Knack haben ihre Ansichten seitdem entsprechend modifiziert.

Wir selbst haben sehr viel Fleckfieberkranke gesehen. Wir konnten beobachten, daß die Kombination von Fleckfieber und Ödemkrankheit da auftrat, wo die Ernährung keine zweckmäßige Krankenernährung war, sondern ungenügend zusammengesetzte Massenkost in dem unten angeführten Sinne. Da, wo eine zweckmäßige Krankenkost gereicht wurde, traten nie Ödeme auf. Dasselbe gilt im großen und ganzen für die Ruhr. F. Meyer beobachtete bei einer Ruhrepidemie. daß bei den schlechtgenährten Zivilisten in 20% der Fälle Ödem auftrat, während die gutgenährten Militärpersonen nur 2% Ödeme aufwiesen. Daß das Fleckfieber zu Ödemkrankheit disponiert, ist ohne weiteres verständlich, seitdem man erkannt hat, daß die pathologisch-anatomische Grundlage des Fleckfiebers eine Systemerkrankung der kleineren Gefäße darstellt. Hier findet sich auch regelmäßig Hypotonie, im Anfang oft mit Bradykardie kombiniert. Das Ruhrgift wirkt sicherlich zentral gefäßlähmend, und auch hier dürften also die Gefäße beim Auftreten von Ödemen eine Rolle spielen, vielleicht liegt bei den anderen Infektionskrankheiten (Recurrens u. a.) ähnliches vor.

Es ist wohl heute allgemein angenommen, daß die Ödemkrankheit im Zusammenhang steht mit den eigenartigen Ernährungsverhältnissen des Krieges. Die Nahrung ist gegenüber dem Frieden völlig anders zusammengesetzt, sie ist eiweißarm, fettarm und besteht zum größten Teil aus Kohlenhydraten. Durch das Überwiegen der Gemüse und Kartoffel in der Nahrung, die meist zur Verbesserung des Geschmacks einen erheblichen Salzzusatz bekommen, ist sie gleichzeitig sehr wasser- und salzreich, so daß Mengen von 3—4 l Flüssigkeits- und 30—40 g Salzzufuhr pro Tag mit der Kost etwas durchaus Gewöhnliches sind.

Die Ödemkrankheit ist schon früher öfter beobachtet worden, zu Zeiten von Hungersnot, in Gefängnissen und in Konzentrationslagern. Am ausführlichsten beschreiben unter dem Namen Epidemic Dropsy Mac Leod, Lovall u. Davidson und ebenso Manson[1]) eine in Kalkutta und Mauritius beobachtete Ödemkrankheit. Greig[2]) gibt hierüber einen weiteren Bericht. Es bestehen Ödeme, zuweilen mit Temperaturen und gastrointestinalen Erscheinungen. Das Nervensystem ist in der Regel intakt, nur in einzelnen Fällen bestehen neuritische Symptome. Die Dauer der Erkrankungen beträgt meist mehrere Monate. Wheeler[3]) erwähnt das Vorkommen von Ödemkrankheiten in den englischen Konzentrationslagern während des Burenkrieges. Nach Weld[4]) und nach Kisskalt[5]) ist früher Wassersucht als Todesursache in Gefängnissen außerordentlich häufig gewesen. Uns berichtete ein russischer Arzt, daß Ödemkranke auch im Frieden in Rußland namentlich in Gefängnissen, aber auch gelegentlich bei den armen Bauern beobachtet werden können. Hierher gehören schließlich noch die schon in der ersten Mitteilung erwähnten Ödemzustände, die in den napoleonischen Heeren auf dem Zug nach Rußland gesehen wurden, sowie die Beobachtungen von Strauß[6]) und von Budczynski u. Chelchowski[7]) bei der polnischen Bevölkerung.

Daß in diesem Kriege unter den mangelhaften Ernährungsverhältnissen Ödemkrankheit wieder in größerem Umfang beobachtet wurde, ist danach nicht verwunderlich. Am häufigsten trat sie im Winter 16/17 ein, wo die Ernährungsverhältnisse den schlechtesten Stand er-

---

[1]) Bei Belz u. Minura in Menser, Handbuch der Tropenkrankheiten 1905. Bd. II, S. 158.

[2]) Greig, Scientific Memoirs by officers of the Medical and Sanitary Departements of the Governement of India. Calcutta 1912.

[3]) Wheeler, Brit. med. Journ. 1902, Nr. 2.

[4]) Weld, Vierteljahrsschr. f. gerichtl. Med. u. öffentl. Sanitätswesen **9**. 1857.

[5]) Kisskalt, Handbuch der Hygiene von Gruber, Rubner u. Fischer **4**, 1912.

[6]) Strauß, Med. Klin. 1915, Nr. 39.

[7]) Budczynski u. Chelchowski, Przeglad lekarski **54**. 1915 (s. bei Knack, Über Hungerödeme, Zentralbl. f. inn. Med. 1916, Nr. 43).

reichten (Kohlrübenernährung). Sie wurde dann nicht nur in Gefangenenlagern beobachtet, sondern auch in zahlreichen Fällen bei der Zivilbevölkerung. Maase u. Zondeck (l. c.) beschreiben Fälle aus Berlin, Gerhartz (l. c.) aus der Bonner Gegend. Sehr eingehend beschäftigte sich Schiff (l. c.) mit der Epidemiologie der Ödemkrankheit in den österreichischen Kronländern. Demnach hat die Ödemkrankheit in einzelnen Bezirken Steiermarks und Böhmens eine ganz enorme Ausbreitung erlangt. Die statistischen Erhebungen, welche Schiff ausführlich wiedergibt, zeigen, daß gerade jene Kronländer, die dank ihres Reichtums an agrarischen Produkten hinsichtlich der Ernährung am günstigsten gestellt waren, von der Ödemkrankheit verschont blieben. Andererseits geben die Berichte aus Steiermark und Böhmen den Hinweis auf die außerordentlich großen Schwierigkeiten der Ernährung durch das Fehlen von Kartoffeln, frischen Gemüsen, Milch und durch die große Knappheit an Mehl. In allen Bezirken findet sich die größte Häufung der Erkrankung zur Zeit vor der Einbringung der neuen Ernte, und andererseits wird darauf hingewiesen, daß die Entspannung der Ernährungsschwierigkeit, die durch Kartoffelzufuhr, durch Einbringung der neuen Ernte und vielfach durch eine Reihe von behördlichen Maßnahmen erzielt wurde, zum Rückgang der Erkrankungen führte. Ganz allgemein war vom August ab ein rasches Absinken der Krankheitsfälle zu verzeichnen.

Auch wir haben immer wieder die Beobachtung machen können, daß Ödemkranke in rascher Häufung da zu Beobachtung kamen, wo die Ernährungsverhältnisse mangelhaft waren. Gleichzeitig kam es auch zu einem Ansteigen anderer Krankheitszustände, vor allem von Hautaffektionen (Furunculose), von Magendarmerkrankungen und von Tuberkulose. Folgende kurze Tabelle gibt einen Überblick über diese Verhältnisse.

Zugang einer Krankenanstalt, die ihre Kranken immer aus einer und derselben Bevölkerungsgruppe erhielt:

	Sept.	Okt.	Nov.	Dez.	Jan.	Febr.
Gesamtzugang sämtlicher Kranker	207	231	259	326	626	541
Darunter:						
1. Tuberkulose	6	5	14	8	45	39
2. Magendarmerkrankungen . . .	27	21	50	53	73	46
3. Hautkrankheiten	16	20	58	63	69	82
4. Ödemkrankheit u. Präödem . .	1	2	8	19	85	105

Sobald die Ernährungsverhältnisse eine Besserung erfuhren, sank auch der Zugang an Ödemkranken rasch ab. Von begünstigendem Einfluß für das Auftreten der Ödemkrankheit war zweifellos die große Kälte.

Daß die Unterernährung die Widerstandsfähigkeit gegen andere Krankheiten herabsetzt, ist durch mehrfache Untersuchungen festgestellt, speziell für Tuberkulose fanden Hornemann u. Thomas, daß eiweißreich ernährte Tiere bei weitem weniger empfänglich für sie sind, wie eiweißarm ernährte. Auch die Giftempfindlichkeit ganz allgemein scheint von der Ernährung abhängig zu sein (Reid Hunt u. Reach). Endlich wissen wir aus der Immunitätslehre, daß die Antikörperbildung bei Hunger und Unterernährung weniger intensiv vor sich geht. Die großen Statistiken der Morbidität in Deutschland während des Krieges zeigen gleichfalls den Zusammenhang zwischen Ernährung und Anstieg der Infektionen, speziell der Tuberkulose.

Bei der Ödemkrankheit liegen zweifellos besondere Verhältnisse vor. Die einfache Unterernährung führt im allgemeinen nicht zum ausgesprochenen Bild der Ödemkrankheit. Wohl gibt es bei Inanitionszuständen (Endstadien der Phthise, Krebskachexie, Malaria-Kachexie u. a.) Ödeme. Sie sind aber stets geringen Grads und betreffen fast ausschließlich die Knöchel- und Unterschenkelgegend. Das kardiale Moment spielt bei ihnen sicherlich eine größere Rolle, wenn auch zweifellos oft (wie bei Kachektischen) die Gefäße mitbeteiligt sein werden. Bei der Ödemkrankheit kommt es zu mehr oder weniger allgemeinen Ödemen mit Schwellung des Gesichts und der Lider, mit Ödem der Haut, das an den abhängigen Partien wie bei anderen Ödemen stärker in Erscheinung tritt, und zu Höhlenhydrops. Zudem gibt es zuweilen Ödemkranke, die keineswegs so unterernährt sind, wie z. B. ein kachektischer Phthisiker oder Carcinomkranker in einem Stadium, wo er Ödeme bekommt. Auf die Tatsache, daß doch mitunter relativ gut genährte Personen ödemkrank werden, hat auch Schiff (l. c.) mehrfach hingewiesen. Wenn darum auch die Unterernährung bei der Mehrzahl der Ödemkranken zweifellos vorliegt, so reicht sie wohl nicht zur Erklärung des gesamten Krankheitsbildes völlig aus.

Es lag nahe, die Ödemkrankheit mit bekannten Ernährungskrankheiten in Parallele zu setzen. Vor allem kommen zwei Krankheiten in Betracht: die Beriberi und der Mehlnährschaden der Kinder, welche beide mit Ödemen einhergehen können. Bei der Beriberi liegt nach den Untersuchungen von Eijkmann[1]) und Schaumann[2]) vor allem nach den Funkschen[3])Versuchen eine Avitaminose vor; deren Ursache also ein Mangel von akzessorischen Nährstoffen in

---

[1]) Eijkmann, Virchows Archiv **148**, 523. 1897; **149**, 187.

[2]) Schaumann, Archiv f. Schiffs- u. Tropenhygiene **14**, Beiheft 8. 1910; **18**, Beiheft 6. 1914; **19**, 393. 1915.

[3]) Funk, Die Vitamine. Wiesbaden, J. F. Bergmann, 1914; Zeitschr. f. physiol. Chemie **89**, 373. 1914.

der Nahrung ist. Es finden sich bei der Beriberi unter ausgesprochen neuritischen Symptomen und charakteristischen Muskelverändrungen Herzstörungen, die mi. Tachykardie und ausgesprochener Herzvergrößerung einhergehen. Bei der Ödemkrankheit findet sich dagegen die Bradykardie und es fehlen Veränderungen der Herzgröße und der Muskulatur sowie ausgesprochene Störungen des Nervensystems. Wir müssen hiernach ebenso wie Falta, Schiff, Knack u. Neumann u. a. die Annahme ablehnen, als ob zwischen Ödemkrankheit und Beriberi engere Beziehungen bestehen würden.

In die Gruppe der Avitaminosen gehört der Skorbut. Wir wollen hier erwähnen, daß wir mehrfach bei Ödemkranken Stomatitis und leicht blutendes Zahnfleisch festgestellt haben. Es handelte sich aber immer nur um einzelne Fälle. Ein echtes skorbutähnliches Krankheitsbild konnten wir nie mit Ödemkrankheit vereint finden.

Im Gegensatz zu den angeführten Krankheiten bestehen sehr enge Beziehungen der Ödemkrankheit zum Mehlnährschaden der Säuglinge[1]). Es handelt sich bei ihm um eine chronisch verlaufende Ernährungsstörung bei Säuglingen, die über lange Zeit ausschließlich oder überwiegend mit Mehlabkochungen gefüttert wurden. Die wichtigsten Symptome sind hochgradige Abmagerung, die unter Umständen verdeckt sein kann durch Ödeme, resp. durch Wasseransammlung in den Geweben. Durch letztere kommt es bei vielen Fällen zu den sog. pastösen Typen des Mehlnährschadens. Die einseitige Mehlkost führt zur starken Wasserretention, wodurch die Kinder scheinbar dick und rund, bei näherem Zusehen aber blaß, gedunsen und pastös aussehen. Zuweilen finden sich auch Ödeme an den Augenlidern, an Hand- und Fußrücken. Allmählich geht dieser Zustand unter Wasserverlust in den atrophischen über. Diese Kinder neigen zu Untertemperaturen und zu Bradykardien. Es stellen sich leicht Komplikationen ein, weil die Immunität des Körpers durch den Mehlnährschaden stark geschädigt wird. Häufig treten akute Komplikationen von seiten des Digestionstractus auf. Die Erklärung ist gegeben durch kalorische Unterernährung, die einseitige Mehlkost hat einen Überschuß an Kohlenhydraten, während der Gehalt an Eiweiß, Fett und Salzen abnorm niedrig ist. Darum ist es nicht möglich, mit einseitiger Mehlkost ein Kind zu ernähren. Etwaige Gewichtszunahmen beruhen stets auf Wasserretentionen, die nach den Weigertschen Untersuchungen in engster Beziehung zu der relativen Unterernährung mit Kohlenhydratüberschuß stehen[2]).

---

[1]) Auf die Ähnlichkeit der Ödemkrankheit mit dem Mehlnährschaden haben wir schon in unserer ersten Bearbeitung (April 1917) besonders hingewiesen. Sie wird jetzt vor allem von seiten der Kinderärzte hervorgehoben (Rietschel, L. F. Meyer).

[2]) Zit. nach Birk, Leitfaden der Säuglingskrankheiten. Bonn 1914. S. 100.

Die Kriegsernährung ist nicht nur eine quantitativ minderwertige, sondern auch eine einseitige, und überall, wo die Ödemkrankheit ausbrach, war die Nahrung charakterisiert dadurch, daß sie in der Hauptsache aus Kohlenhydrat, Wasser und Salzen bestand, während der Eiweiß- und Fettgehalt ein sehr niedriger war.

Was zunächst das Fett anbelangt, so zeigte sich eine außerordentliche Verarmung des ödemkranken Organismus an Fett und Lipoiden. Dafür erbrachten die autoptischen und histologischen Untersuchungen und die chemischen Untersuchungen des Blutes die Beweise. Durch die Untersuchungen von Stepp[1]), Mac Arthur u. Luckett[2]), Osborne u. Mendel[3]), Mc. Collum u. Devis[4]) ist die Frage, ob Fette oder fettähnliche Substanzen einen wesentlichen Nahrungsstoff darstellen, eingehend bearbeitet worden. Vor allem die Steppschen Untersuchungen zeigten, daß gewisse Lipoide und deren Bausteine dem Säugetierorganismus unbedingt zugeführt werden müssen, wenn das Leben aufrechterhalten werden soll. Die Frage, ob Fette zum Wachstum oder zur Erhaltung unbedingt notwendig sind, ist durch die Versuche von Osborne u. Mendel, Mc Collum u. Devis bejaht worden, von Stepp jedoch nicht als sicher bewiesen angenommen. Aron[5]) vertritt neuerdings auf Grund eigener Versuche die Auffassung, daß das Nahrungsfett gewisse Bestandteile enthält, die als solche für den Organismus unentbehrlich sind. Es muß daher ähnlich wie ein Eiweißminimum auch ein Fettminimum gefordert werden, dessen Höhe von der Natur des Nahrungsfettes (wahrscheinlich vom Lipoidgehalt) abhängig ist.

Es dürfte also wohl die Frage in Betracht kommen, ob nicht die große Fettarmut der Kriegsernährung für die Entstehung der Ödemkrankheit von Bedeutung ist. Die Erfahrungen, welche wir heute über den Einfluß fettfreier Nahrung haben, beschränken sich völlig auf Tierexperimente. Die Tiere sind in ihrem Wachstum geschädigt und gehen schließlich zugrunde. Besonders hervorstechende Krankheitserscheinungen scheinen dabei nicht aufzutreten. Wie sich die Wirkung andauernder fettfreier Ernährung beim Menschen äußern würde, müßte erst erwiesen werden. Man kann aber wohl annehmen, daß die Lipoidverarmung des Körpers zu Störungen Veranlassung geben kann, wenn man die lebenswichtige Funktion in Betracht zieht, welche

[1]) Stepp, Ergebnisse d. inn. Med. u. Kinderheilk. 15, 256. 1917. Hier Zusammenfassung der Literatur.

[2]) Mac Arthur u. Luckett, Journ. of biological Chemist. 20, 161. 1915.

[3]) Osborne u. Mendel, Zeitschr. f. physiol. Chemie 80, 307. 1912.

[4]) Mc Collum u. Devis, Journ. of. biol. Chemist. 15, 167. 1913; 20, 641; 21, 179. 1915; Proc. soc. exp. and med. 11, 101. 1914.

[5]) Aron, Biochem. Zeitschr. 92, 211. 1918.

den Lipoiden als mutmaßlichem Bestandteil der Plasmahaut für die Aufnahme der Stoffe in die Zelle zukommt[1]).

Sehr auffallend ist bei den Ödemkranken die außerordentliche Eiweißverarmung, wie sie durch den großen Eiweißhunger, der in den angeführten Stoffwechselversuchen zutage trat, den sichtbaren Ausdruck findet, und vor allem durch die Untersuchungen des Eiweißgehaltes des Blutes, welche eine Verminderung auf mehr als die Hälfte des normalen Serumeiweißgehaltes ergaben. Die Ursache hierfür ist die Eiweißarmut der Nahrung. Wir wissen ja allerdings durch die Versuche von Chittenden, Flügge u. a., daß auch arbeitende Menschen mit einer täglichen Eiweißration von 50—60 g Eiweiß vollkommen auskommen können, und vor allem haben Hindhede[2]) und neuerdings auch Ragnar Berg gezeigt, daß sogar 20—25 g verdaulichen Eiweißes bei entsprechend calorienreicher Ernährung ausreichen können, wobei Ragnar Berg noch einen besonderen Wert auf ein Überwiegen der Basen legt. Es gehört aber dazu natürlich eine Nahrung, welche die unbedingt notwendige Calorienmenge besitzt. Ein Anhaltspunkt dafür ist durch die neuesten Untersuchungen von Jansen (l. c.) erbracht. Es muß ferner das Eiweiß ein unbedingt vollwertiges sein (Abderhalden u. a.). Sobald die Calorienmenge zu niedrig ist, verarmt der Körper notwendigerweise an Eiweiß. Diese Folge mangelhafter Ernährung finden wir bei unseren Ödemkranken in ausgesprochenem Maße und es hat sich bei ihnen gezeigt, daß die durchschnittliche Eiweißzufuhr von 20—55 g pro Tag infolge der kalorisch unzureichenden Ernährung keineswegs ausreichte, um den Körper vor Eiweißverarmung zu schützen. Unter einer so außerordentlichen Eiweißverarmung, wie wir sie bei den schwereren Ödemkranken finden, muß die Funktion des Organismus leiden, eine Anschauung, die z. B. auch von Falta stark hervorgehoben wurde. Als einen Ausdruck der Hypofunktion der Zirkulationsorgane infolge ihrer Verarmung an lebenswichtigem Material können wir wohl die Bradykardie und die Hypotonie der Ödemkranken ansehen. (Ausführliches siehe in 1. Mitteilung.) Hierher gehört ferner unsere Beobachtung, daß nicht selten bei den Ödemkranken eine ausgesprochene Hemeralopie angetroffen wird. Man kennt schon lange das Vorkommen von sog. Ernährungshemeralopien. Auch Budczynski u. Chelchowski (l. c.) führen an, daß neben den Ödemen, die oft so hochgradig waren, daß auch das passive Öffnen der Augenlider kaum möglich

---

[1]) Siehe bei Höber, Physikalische Chemie der Zelle und der Gewebe Berlin-Leipzig 1914.

[2]) Siehe bei Schittenhelm, Münchn. med. Wochenschr. Nr. 29. S. 1631 1914.

war, wiederholt Augenveränderungen in Erscheinung traten: Hemeralopie, Xerosis conjunctivae, Ulcera corneae. Jess[1]) führt
bei der Besprechung der Hemeralopie diese Beziehungen zur Ödemkrankheit gleichfalls an und meint, es stehe dem nichts im Wege,
als lokale Ursache auch der sog. essentiellen Hemeralopie ein er-
nährungstoxisches Ödem der Retina anzunehmen, durch welches die
Funktion der Stäbchen und Zapfen ebenso wie die des Pigmentepithels
geschädigt wird. Das Ödem der Ödemkranken und die ausgesprochene Ödembereitschaft der im präödematösen Stadium
befindlichen Kranken ist sicherlich gleichfalls als eine Folge der durch
die mangelhafte Zusammensetzung der Nahrung bedingten
Funktionsstörung der Organe anzusehen.

Um einen weiteren Einblick in die Frage der Ödementstehung bei
den Ödemkrankheiten zu erhalten, haben wir bei den früher mitgeteilten
Stundenversuchen bei Verabreichung von Wasser, Kochsalz, der Kombination von Wasser + Kochsalz mit und ohne Thyreoidin gleichzeitig den Serumindex bestimmt. Kurve 1 zeigt einen einfachen
Wasserversuch. Dabei findet sich in der ersten Stunde ein starkes
Absinken des Serumeiweißes, gleichzeitig mit dem Anstieg der Diurese,
dann steigt die Serumeiweißkurve trotz weitergehender Diurese zur
alten Höhe wieder an, auf der sie verbleibt, um erst in der 5. Stunde
gleichzeitig mit dem Absinken der Diurese wieder abzufallen. Es
kommt also beim Einsetzen der Diurese zu einer vorüber-
gehenden Verdünnung des Blutes, die sich aber bald wieder aus-
gleicht.

Nach Veil[2]) kommt es beim Wasserversuch nach vorausgehender
kochsalzarmer Ernährung zu einer Blutverdünnung (Heruntergehen des
Index), nach vorausgehender salzreicher Ernährung zu einer Eindickung
(Hinaufgehen des Index). Nach Reiss[2]) besteht beim Normalen keine
besondere Beeinflussung. Zufuhr größerer Kochsalzmengen führt nach
Reiss[3]) und Benczur[4]) zu einer Blutverdünnung. Normalerweise verschwindet diese Verdünnung bald wieder und auch bei Störungen der
Wasserbilanz braucht sie nicht längere Zeit anzuhalten. Erst wenn die
Ausscheidungsfähigkeit für NaCl fast ganz oder ganz aufgehört hat,
wird die Hydrämie eine dauernde und nimmt hohe Grade an, entsprechend dem Auftreten von Gewebsödemen. Die Wasserzufuhr spielt
hierfür nur eine untergeordnete Rolle.

In unseren Kochsalztrockenversuchen (Kurve 2 u. 3) sinkt
der Index während des ganzen Versuches sukzessive ab, so daß mit

[1]) Jess, Deutsche med. Wochenschr. 1917, Nr. 22.
[2]) Veil, Deutsches Archiv f. klin. Med. **119**, 376. 1916.
[3]) Reiss, Ergebnisse d. inn. Med. u. Kinderheilk. 1913, S. 531.
[4]) Benczur, Zeitschr. f. klin. Med. **67**, 164. 1909.

einer erheblichen und langdauernden Blutverdünnung gerechnet werden muß, die also wesentlich länger anhält als in den
Benczurschen Fällen. Kurve 4 und 5 zeigen ein dem Normalen
sich annäherndes Verhalten, wenn auch namentlich in Kurve 51 die
Tendenz zu Abfall nach kurzem Wiederanstieg doch relativ lange anhält.

Bei den kombinierten Wasser-Kochsalzversuchen kommt
es in Kurve 6, 7 und 8 zu einem Anstieg des Serumeiweißes (Blut-

Kurve 1[1]). Wasserversuch (Ce.).

Kurve 2. Kochsalztrockenversuch (Fe.).

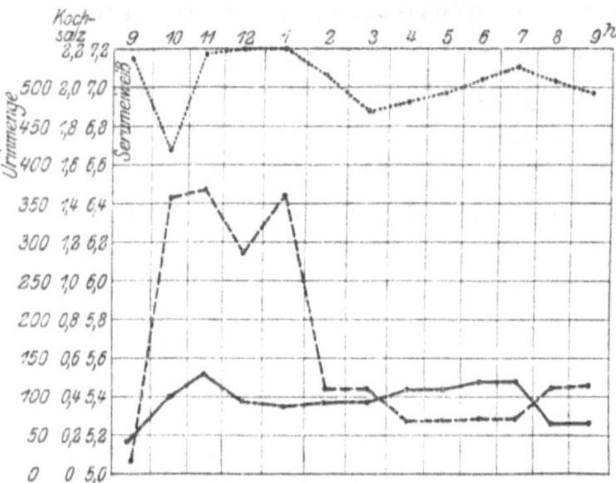

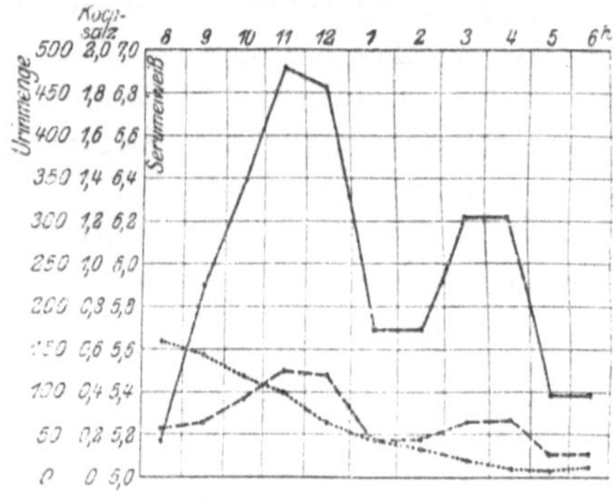

Kurve 3. Kochsalztrockenversuch (Ce.).

Kurve 4. Kochsalztrockenversuch (Pi.).

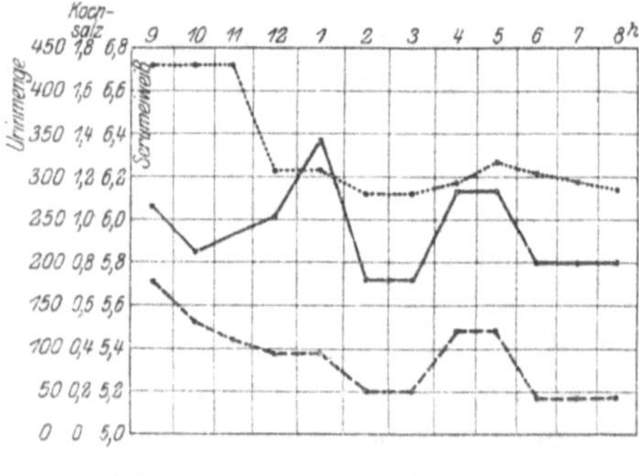

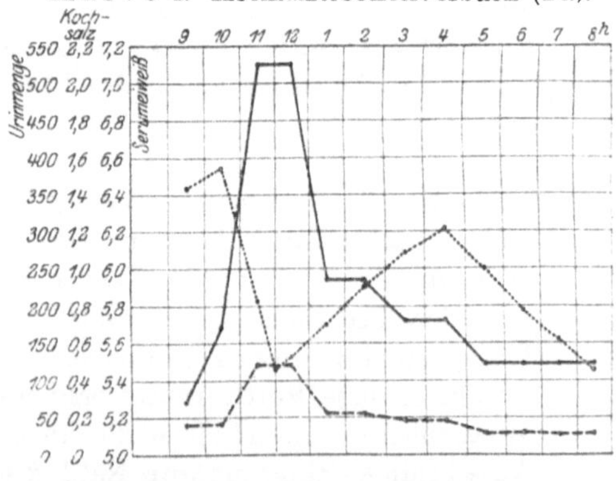

eindickung) bei gleichzeitiger verzögerter Wasser- und Kochsalzausfuhr,
um dann zur Norm abzusinken, auf der der Eiweißgehalt sich dauernd
hält. Dieses eigentümliche Verhalten entspricht den Beobachtungen
Veils, daß nach vorhergehender kochsalzreicher Ernährung der Wasserversuch zu einer sukzessiven Steigerung des Serumindex führt. Man
muß wohl annehmen, daß hier Wasser in die Gewebe ab-
geführt wird. Es verhalten sich also die Ödemkranken bei

[1]) In den Kurven 1—11 bedeutet: —— absolute NaCl-Ausscheidung,
...... % Serumeiweiß, - - - - Wasserausscheidung.

einmaliger Zufuhr von Wasser + Salz und voraufgehender
kochsalzarmer Ernährung wie Normale bei dauernder kochsalzreicher Ernährung und einmaliger Wasserzufuhr.

Bei dem kombinierten Wasser- und Kochsalzversuch mit
Thyreoidin sind die Ausschläge lange nicht so instruktiv; bei 9
und 10 kommt es bald zu einem geringen Anstieg der Serumeiweißkurve,
und dann schon in der nächsten Stunde zu raschem Abfall zur Norm.

Kurve 5. Kochsalztrockenversuch (Si.).

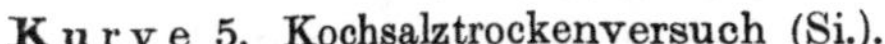
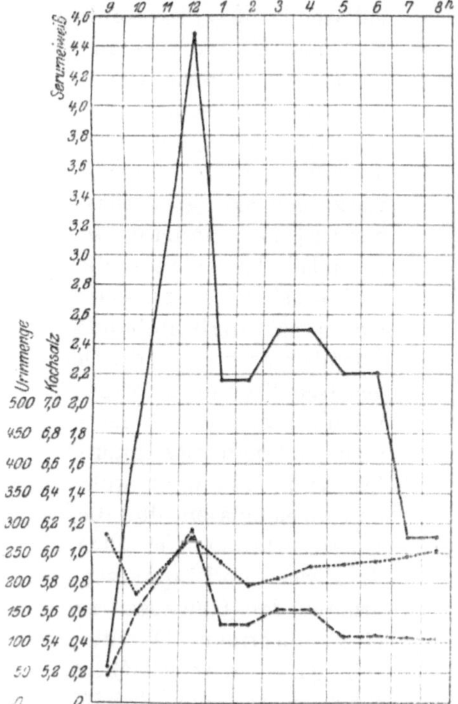

Kurve 6.
Kombinierter Wasser-Kochsalzversuch (Ce.).

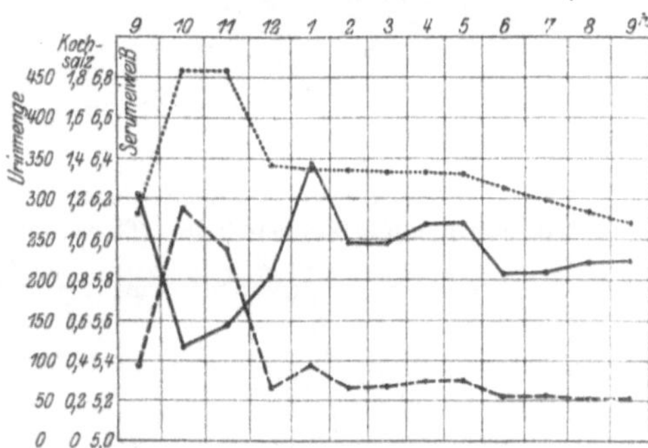

Kurve 7.
Kombinierter Wasser-Kochsalzversuch (Fe.).

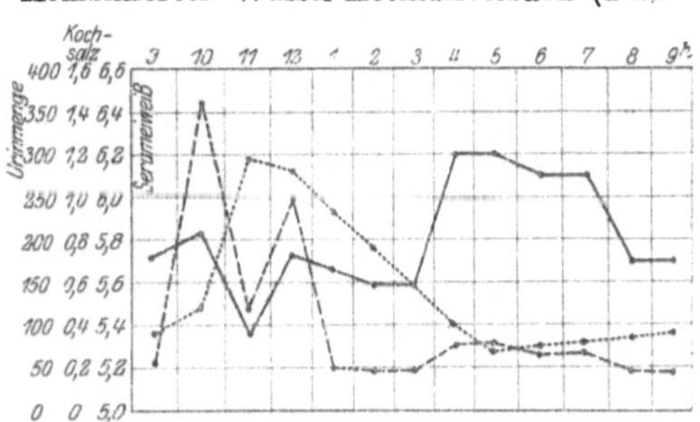

Bei Kurve 11 erfolgt erst ganz spät ein Anstieg. Es zeigen sich also
hier trotz besserer Ausscheidungsverhältnisse für Wasser und Kochsalz
gegenüber dem kombinierten Wasser- und Kochsalzversuch ohne Thyreoidin viel weniger ausgeprägte Schwankungen der Blutkonzentration.
Es kommt eben unter der Einwirkung des Thyreoidins zu
einer geringeren Wasserabgabe an die Gewebe resp. zu
einer Herabsetzung ihrer Wasseraffinität.

Überblicken wir die Resultate der letzten Versuche, so bestätigen
sie unsere früheren Ausführungen (III. Mitteilung), daß die Störungen der Ödemkranken im Wasser- und Kochsalzstoffwechsel
besonders beim kombinierten Wasser-Kochsalzversuch zum

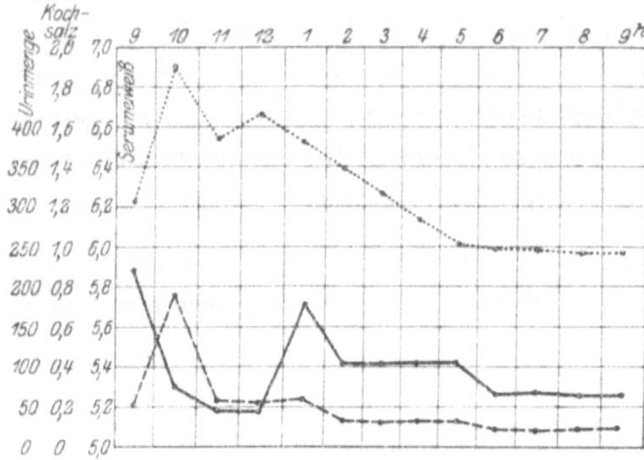

Kurve 8.
Kombinierter Wasser-Kochsalzversuch (Pi.).

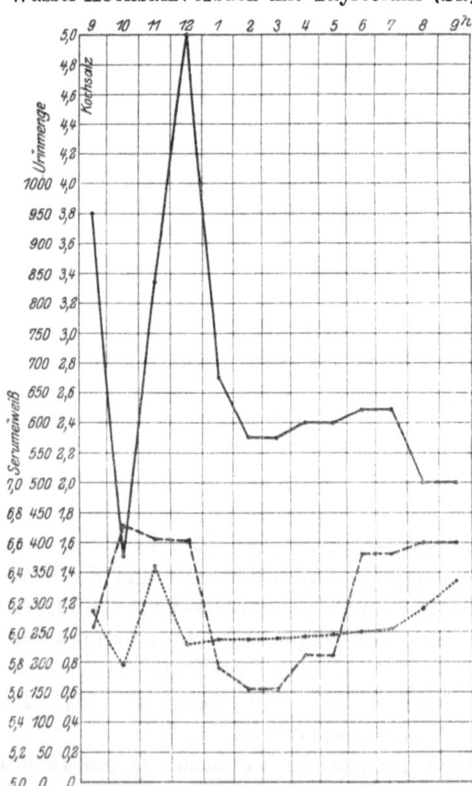

Kurve 9. Kombinierter
Wasser-Kochsalzversuch mit Thyreoidin (Si.).

Ausdruck kommen, wo eine Retention vor allem von Wasser, aber auch von NaCl statthat, die weitaus erheblicher ist als beim Normalen. Durch Thyreoidinverabreichung läßt sich diese Störung teilweise beheben. In unseren Resultaten kommen wir somit zu einer Übereinstimmung mit Falta (l. c.), der das Kriegsödem auf einer durch ungenügende Eiweiß- und Gesamtcalorienzufuhr bedingten chronischen Unterernährung beruhen läßt, bei welchem die auch sonst bei chronischer Unterernährungbestehende Ödembereitschaft durch den Genuß einer außergewöhnlich salz- und wasserreichen Ernährung manifest wird. Man wird wohl annehmen müssen, daß die Unterernährung, vor allem die Eiweiß- und Lipoidverarmung des Gewebes, zu einer abnormen Durchlässigkeit der Gefäße führt, wie sie auch Schiff annimmt, und gleichzeitig zu einer erhöhten Affinität der Gewebe für Wasser und Kochsalz.

Wir haben schon früher (l. c.) über Versuche berichtet, die Ödeme künstlich zu erzeugen, und mitgeteilt, daß dies bei der ausgiebigen eiweiß- und fettreichen Krankenkost trotz Zufuhr großer Mengen von Wasser und Kochsalz im postödematösen Stadium nicht gelang. Dagegen war der Versuch positiv, als die Wasser- und Salzzulagen bei einem Ödemkranken verabreicht wurden, der während des Versuches wieder auf die Massenkost gesetzt wurde.

Die beiden Versuchspersonen wurden mit frischen Ödemen aufgenommen. Sie bekamen die gewöhnliche Kost, unter deren Einfluß ihre Ödeme entstanden waren, weiter, wurden aber ins Bett gelegt. Flüssigkeitszufuhr von ungefähr 4 l.

Pat. Sap.: Bei der Aufnahme starke Ödeme. 100% Hgl., 6 170 000 E., 6100 L. Nach 10 Tagen 90% Hgl., 5 290 000 E. In den ersten 3 Wochen große Urinmengen bis 6 l. Große Kochsalzmengen bis 60 g bei einer Zufuhr von ca. 18 g Neubauerscher Ilunprobe, bei der 1,5 g Ilun (= Kreatininum pur. Bayer) per os verabreicht wurde, ergab gleich nach der Aufnahme eine sehr verschleppte und niedrige Ausscheidung. 14 Tage später war sie wesentlich gebessert, aber erst nach etwa 5 Wochen im erneuten Versuch normal. Die Ödeme waren bei Bettruhe bald verschwunden. Nach dreiwöchiger Krankenhausbeobachtung bekam der Pat. täglich 50 g Kochsalz zugelegt. Er schied in dieser Zeit zwischen 4—5 l Urin aus und zwischen 45 und 55 g Kochsalz. Nach 10 Tagen traten wieder leichte Ödeme der Knöchel und Unterschenkel (Tibiakante) auf, die sich trotz Weglassen der Kochsalzzulage noch etwa 5—6 Tage hielten und dann wieder verschwanden.

Pat. Burd. Starke Ödeme. Hgl. 95%, E. = 5 310 000, 8300 L.

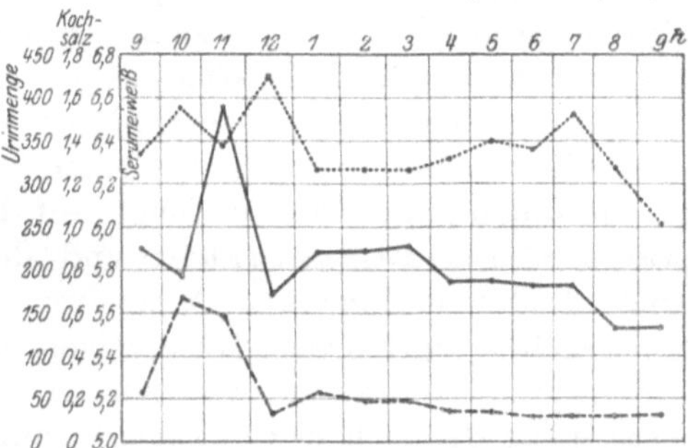

Kurve 10. Kombinierter Wasser-Kochsalzversuch mit Thyreoidin (Pi.).

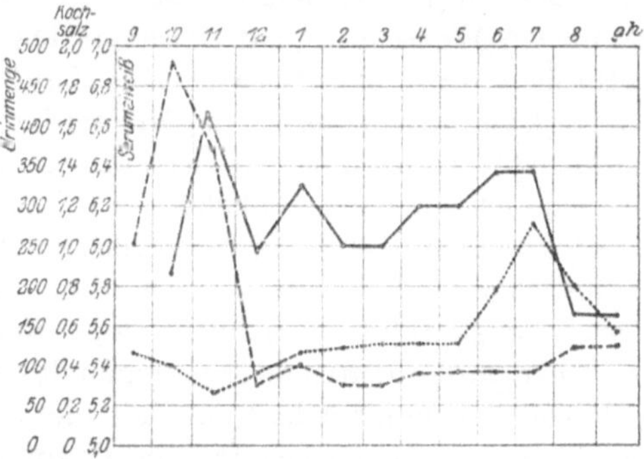

Kurve 11. Kombinierter Wasser-Kochsalzversuch mit Thyreoidin (Fe.).

Urinmengen bis zu 5000 bei Flüssigkeitszufuhr von 4 l. Kochsalzausscheidung bis zu 41 g pro Tag bei 18 g Zufuhr. Kreatininausscheidung wie bei Pat. Sap., zunächst stark verzögert und herabgesetzt, im zweiten Versuch besser, aber erst im dritten nach 5 Wochen normal. Nach 3 Wochen Aufenthalt im Krankenhaus 50 g Salzzulage pro die. Wiederauftreten von Ödemen nach 10 Tagen. Die Salzausscheidung hielt sich zwischen 36 und 48 g; Wasser um 4 l.

Ähnliche Resultate berichten Knack u. Neumann (l. c.). Sie konnten bei Ödemkranken im ödemfreien Stadium durch einseitige Ernährung (Steckrüben) bei gleichzeitiger übermäßiger Flüssigkeitszufuhr ein Wiederauftreten von Ödemen erreichen. Damit stimmen auch

Maase u. Zondeck überein. Es gelingt nicht, durch Gemüse und Brot allein das Ödem zu erzeugen, das aber sofort auftritt, wenn man diese Kost in flüssiger Form verabreicht. Falta führt ferner an, daß die Verabreichung von Natrium bicarbonicum ebenso erneute Ödembildung veranlaßt und zieht daraus die Parallele zum Ödem der Diabetiker. Denn auch der schwere Diabetiker steht wegen seiner mangelnden Assimilationskraft trotz evtl. reichlicher Nahrungszufuhr in hochgradiger Unterernährung.

Daß die Besserung der Ernährungsverhältnisse einen raschen Umschwung in dem Zustand der Ödemkranken herbeiführt, haben wir schon erwähnt. In den zwei angeführten Stoffwechselversuchen haben wir in einem Falle erhöhte Eiweiß-, im anderen Fall erhöhte Fett- und Lipoidzufuhr durchgeführt, ohne daß wesentliche Unterschiede zwischen beiden zutage traten. In einem anderen Versuch verabreichten wir das Vitamin La Roche (Orypan), ohne einen besonderen Einfluß zu ersehen.

Wir wollen zum Schluß nochmals auf die engen Beziehungen, welche zwischen der Ödemkrankheit und dem Mehlnährschaden der Kinder bestehen, hinweisen. Schon im Krankheitsbild sind einige Ähnlichkeiten vorhanden: Beide zeigen auf der einen Seite hochgradige Abmagerung, auf der anderen Seite Neigung zu Wasserretention, die sich in Gewichtszunahme geltend macht. Das Kind mit Mehlnährschaden sieht gedunsen pastös aus und ein gleiches Aussehen zeigen zahlreiche Ödemkranke. Bei ihnen fällt besonders im Gesicht das aufgeschwemmte pastöse Aussehen auf. Mit Ablaufen des retinierten Wassers verliert sich auch das pastöse Aussehen und es tritt dafür die Abmagerung hervor. Das Kind mit Mehlnährschaden, ebenso wie der Ödemkranke neigen zu Ödembildungen, die sich hier wie dort im Gesicht, an den Unterschenkeln, an den Händen und Füßen und an dem übrigen Körper lokalisieren können. Bei beiden wird Bradykardie beobachtet. Beide neigen zu Komplikationen und verhalten sich widerstandslos gegenüber interkurrenten Erkrankungen, auch wenn sie relativ geringfügig sind. Beide Krankheitszustände haben oft Untertemperaturen und Störungen des Magendarmkanals. Die Durchfälle sind bei den Kindern mit Nährmehlschaden oftmals hervorgerufen durch abnorme Gärungen im Darm und hierdurch veranlaßte besonders schädliche Säurebildungen der Faeces. Die Gärungsprozesse und Säurebildung im Darm, die verhältnismäßig leicht eintretenden Durchfälle und die dadurch hervorgerufenen Alkaliverluste bilden eine Gruppe von Erscheinungen, welche zusammen mit der an der erhöhten Ammoniakausscheidung erkennbaren Acidose eine wichtige Rolle in der Pathogenese des Mehlnährschadens bilden [Czerny u. Keller[1]]. Es ist auch nicht uninteressant, daß Bürger (l. c.) durch seine Unter-

---

[1] Czerny u. Keller, Der Kinder Ernährung, Ernährungsstörungen und Ernährungstherapie II, 9. Abt., S. 602. Leipzig u. Wien 1917.

suchungen nachgewiesen hat, daß auch bei Ödemkranken die Durchfälle häufig durch abnorme Säurebildungen im Darm infolge von Gä-
rungsvorgängen bedingt sind.

Die einseitige Mehlnahrung führt durch die eigenartige Zusammensetzung des Mehles zu einer Überernährung mit Kohlenhydraten
und gleichzeitig zu einer Unterernährung mit Eiweiß und Fett,
aber auch mit Salzen. Es ist namentlich durch Untersuchungen von
Keller und Rubner u. Heubner nachgewiesen worden, daß die Mehl-
ernährung unzulänglich ist, und daß es zu einer dauernden negativen
Stickstoffbilanz kommt. Benjamin[1]) zeigte in einem Versuch bei
einem Kinde mit Mehlnährschaden das starke Bedürfnis des Organismus, die durch einseitige Ernährung verursachten Stickstoffverluste zu
ersetzen, indem er nach Zufuhr von Eiweißmilch die Stickstoffreten-
tion rapid auf 50% der Zufuhr ansteigen und dann allmählich auf
15—20% wiederabsinken sah. Dieser Versuch von Benjamin gibt
eine schöne Parallele zu unseren zwei angeführten Stoffwechselversuchen an Ödemkranken, bei denen es gleichfalls zu einer ganz
ungewöhnlichen Höhe der positiven Stickstoffbilanz gekommen ist.

Die Zusammensetzung der Nahrung, welche schließlich zu
Ödemkrankheit führte, ist in weitem Maße der Zusammensetzung der
Nahrung ähnlich, die beim Kinde zum Mehlnährschaden führt. Ihr
Hauptbestandteil sind Kohlenhydrate, während Eiweiß und Fett in ab-
norm geringen Mengen darin enthalten sind. Nur im Salzgehalt
unterscheiden sich die beiden Ernährungsverhältnisse, indem beim
Mehlnährschaden die Nahrung salzarm, bei der Ödemkrank-
heit dagegen salzreich ist, besonders da die Ödemkranken infolge
eines beständigen Salzhungers stets reichlich Salz (bis zu 40—50 g pro
Tag) ihrer Nahrung zufügten. Es besteht aber insofern ein weiterer
Parallelismus als sowohl beim Mehlnährschaden wie bei der Ödemkrankheit Salzzulagen Ödeme erzeugen können.

In einer eben im Erscheinen begriffenen zusammenfassenden Darstellung über die idiopathischen Ödeme im Säuglingsalter bespricht
L. F. Meyer[2]) ausführlich deren Genese. Es zeigt sich dabei die außerordentliche Übereinstimmung unserer auf Grund der Untersuchungen
an Ödemkranken gewonnenen Ansichten mit den von L. F. Meyer
beim Studium an Säuglingen gefundenen Resultaten. Wie wir beim Ödemkranken eine besonders hervorstechende Retention von Salz + Wasser
sahen, während Wasser allein glatt ausgeschieden und Salz allein
auch nur geringe Ausschläge ergab, so zeigt L. F. Meyer an der Hand
einer Kurve, daß die Retention von Wasser nach Kochsalzgaben be-

---

[1]) Benjamin, Zeitschr. f. Kinderheilk. **10**, 216. 1914.
[2]) L. F. Meyer, Idiopathische Ödeme im Säuglingsalter. Ergebnisse der inneren
Medizin und Kinderheilkunde. Bd. XVII.

sonders deutlich in Erscheinung tritt, wenn man die 4stündige Wasserausscheidung eines Säuglings nach Zufuhr physiologischer Kochsalzlösung mit der nach Zufuhr von destilliertem Wasser vergleicht. Der Strauß-Volhardsche Wasserversuch ergab im ersten Falle während der 4stündigen Versuchsdauer äußerst spärliche Ausscheidung von Urin, im zweiten fast restlose Ausscheidung des eingeführten Wassers. Besonders wichtig erscheinen uns ferner die Ausführungen Meyers über die hydropigenen Eigenschaften der Kohlenhydrate. Sie ist bei dem Säugling mehrfach bewiesen, ist aber auch durch Experimente belegt [Rietschel[1]), Tachau[2]) u. a.]. Von Interesse ist ferner, daß von mancher Seite dem Fett eine anhydropische Wirkung zugeschrieben wird, ohne daß freilich die Beweise vollgültige sind. Über die Rolle des Eiweißes scheinen die Meinungen noch etwas auseinanderzugehen.

Es dürfte also kaum zweifelhaft sein, daß wir es bei der Ödemkrankheit und dem Mehlnährschaden der Kinder mit außerordentlich nahe verwandten Krankheitszuständen zu tun haben. Es fragt sich nur, ob die endgültige Ursache, abgesehen von der quantitativen Minderwertigkeit der Nahrung, auch noch in ihrer Einseitigkeit zu suchen ist. Wir haben bereits erwähnt, daß wir den Mangel an Eiweiß und an Fett resp. Lipoiden, der sich auch bei der Untersuchung der Organe im histologischen Bild und chemisch identisch offenbarte, eine große Bedeutung beimessen. Es ist aber noch zu überlegen, ob nicht vielleicht ein Mangel an akzessorischen Nährstoffen eine Rolle mitspielt. Funk (l. c.) hat den Mehlnährschaden unter die Avitaminosen gerechnet. Hofmeister[3]) spricht von „Insuffizienzkrankheiten", als deren Haupttypen er Beriberi einerseits und Skorbut andererseits ansieht. Die Tierversuche beweisen nach ihm die Tatsache, daß bei derselben Tierart je nach der Art der Ernährung entweder die nervösen Veränderungen oder die Gefäß- und Knochenveränderungen auftreten können, daß bei dem Zustandekommen der Insuffizienzsymptome mindestens zwei ursächliche Bedingungen beteiligt sind, das „Antineuritin" und ein der hämorrhagischen Diathese entgegenwirkender Stoff, den er vorläufig „Antiskorbutin" nennt. Es scheint auch ihm naheliegend, eine Anzahl anderer Ernährungskrankheiten, so die Mehl- und den Milchnährschaden, die Rachitis, die Schiffsberiberi auf den Mangel eines oder beider genannten Stoffe zurückzuführen. Doch läßt er es vorläufig noch dahingestellt, ob nicht in diesen Fällen noch der Mangel anderer akzessorischer Stoffe beteiligt ist. Was die Ödembildung anbelangt, so läßt er die Frage offen, ob es sich dabei um

---

[1]) Rietschel, Münchn. med. Wochenschr. 1918. Nr. 19 und 26.
[2]) Tachau, Biochem. Zeitschr. 1915. Nr. 65, S. 253 und Nr. 67, S. 338.
[3]) Hofmeister, Über qualitativ unzureichende Ernährung II. Ergebnisse der Physiologie **16**, 565. Wiesbaden 1918.

die Folge einer Zirkulationsstörung handelt, oder um eine Störung in der Ernährung der Capillarwand, oder in der Fortbewegung der Gewebslymphe.

Wir haben oben betont, daß auch wir der Ansicht sind, daß die **mangelhafte und einseitige Ernährung zu fehlerhafter Zusammensetzung der Gewebe und damit auch der Gefäße speziell der Capillaren führt, worin wir die anatomische Ursache der Ödeme sehen** möchten. Was die Frage anbelangt, ob das Fehlen akzessorischer Nährstoffe eine Rolle spielt, so möchten wir es, wie wir nochmals hervorheben, für **nicht** sehr wahrscheinlich halten. Es genügt ja schon der Zusatz minimaler Mengen derselben, um etwaige Insuffizienzerscheinungen (Avitaminosen) zu beheben; die Kost der Leute, die Ödemkrankheit bekommen, war aber doch im ganzen so mannigfaltig zusammengesetzt, daß ein Mangel an akzessorischen Nährstoffen kaum entstehen konnte. Wenn aber die Ödemkrankheit nicht unter die Avitaminosen zu rechnen ist, dann dürfte wohl dasselbe auch für den Mehlnährschaden der Kinder zutreffen.

Anhang.

Tabelle I.

Übersicht über 114 noch arbeitende Personen ohne Ödeme aus einer Gruppe, aus der Ödemkranke in großer Zahl ins Krankenhaus kamen. Sie ist angeordnet nach Körpergewichtsdefizit. Eine größere Anzahl des ersten bis zweiten Drittels kam später mit Ödem zur Aufnahme.

Nr.	Größe m	Gewicht kg	Gewichts-defizit kg	Hämo-globin ge-messen %	Hämo-globin be-rechnet korr. %	Blutdruck	Index	Alter
1	1,95	47,7	47,3	80	100	85/96	7,51	21
2	1,69	38,2	30,8	79	98	50/70	5,95	19
3	1,74	44,3	29,7	76	95	110/115	6,08	22
4	1,68	41,8	26,2	80	100	80/100	6,25	22
5	1,80	54,3	25,7	90	100	60/75	6,23	28
6	1,71	45,4	25,6	95	100	60/80	8,28	26
7	1,58	33,5	24,5	85	100	100/115	6,81	19
8	1,65	40,5	24,5	85	100	80/100	6,27	20
9	1,69	44,5	24,5	82	100	150/165	7,53	19
10	1,60	36,3	23,7	80	100	75/90	6,19	22
11	1,65	41,4	23,6	78	97	65/80	6,88	19
12	1,64	40,5	23,5	84	100	70/90	7,04	19
13	1,65	41,5	23,5	98	100			39
14	1,54	31,3	22,7					
15	1,66	43,5	22,5	80	100	100/115	6,83	21
16	1,63	41,1	21,9	85	100	90/105	6,04	20
17	1,64	42,2	21,8	70	87	66/90	6,49	20
18	1,67	45,7	21,3	75	93		5,36	
19	1,61	39,8	21,2	80	100	80/100	7,07	19
20	1,73	51,8	21,2	97	100	50/70	6,49	34
21	1,68	47,3	20,7	85	100			

Tabelle I (Fortsetzung).

Nr.	Größe m	Gewicht kg	Gewichtsdefizit kg	Hämoglobin gemessen %	Hämoglobin berechnet korr.%	Blutdruck	Index	Alter
22	1,69	49	20,0	67	83	90/107	6,68	31
23	1,70	50,0	20,0	80	100	55/70	5,95	22
24	1,70	50,2	19,8	75	93		6,66	
25	1,66	46,7	19,3	65	81	71/93	5,72	20
26	1,67	49,1	17,9	78	97	70/90	5,47	22
27	1,69	52,4	16,6	75	93	86/107	8,71	36
28	1,70	53,4	16,6	90	100	70/90	5,47	23
29	1,62	45,5	16,5	65	81	71/93	7,39	19
30	1,60	43,5	16,5	83	100	100/120	6,49	34
31	1,75	59,0	16,0	87	100	80/100	7,63	24
32	1,64	48,2	15,8	70	87	107/118	8,28	22
33	1,62	46,2	15,8	78	97	60/80	7,91	27
34	1,80	64,5	15,5	96	100	70/105	8,28	20
35	1,68	52,5	15,5	78	97	80/107	8,28	22
36	1,60	44,6	15,4	88	100	85/100	7,17	19
37	1,67	51,6	15,4	100	100	100/120	7,20	19
38	1,70	55,0	15,0	75	93	90/111	7,26	22
39	1,64	49,0	15,0	78	97	70/90	8,28	21
40	1,61	46,0	15,0	75	93	103/115	7,42	22
41	1,73	58,5	14,5	77	96	60/75	7,63	32
42	1,61	46,8	14,2	80	100	93/115	7,20	20
43	1,70	55,8	14,2	74	92	93/115	8,49]	19
44	1,62	48,0	14,0	65	81	91/118	6,66	21
45	1,62	48,5	13,5	60	75	89/100	8,49	21
46	1,62	48,5	13,5	78	97	90/105	6,79	30
47	1,63	49,5	13,5	65	81	100/120	7,63	25
48	1,60	47,0	13,0	70	87	70/90	7,20	27
49	1,70	57,3	12,7	68	85	111/122	6,54	21
50	1,74	61,3	12,7	83	100	130/150	6,77	41
51	1,73	60,5	12,5	60	75	80/103	7,59	33
52	1,74	61,5	12,5	80	100	50/70	7,37	39
53	1,66	53,9	12,1					22
54	1,70	57,9	12,1	86	100	80/100	7,20	38
55	1,66	54,0	12,0	80	100	50/65	7,42	37
56	1,77	65,0	12,0	75	93	90/110	7,04	32
57	1,65	53,0	12,0	80	100	86/107	7,63	33
58	1,68	56,2	11,8	84	100	70/95	7,22	20
59	1,72	60,7	11,7	74	92	86/107	7,33	20
60	1,72	60,5	11,5	100	100	60/80	5,60	
61	1,60	48,5	11,5	72	90	83/107	6,45	22
62	1,62	50,5	11,5	70	87	100/120	6,81	44
63	1,61	49,5	11,5	75	93	80/95	7,20	26
64	1,70	58,5	11,5	60	75	89/103	8,37	23
65	1,70	58,5	11,5	73	91	115/137	7,74	19
66	1,64	52,6	11,4	84	100	70/90	6,45	39
67	1,66	54,9	11,1	75	93	93/115	8,14	21
68	1,71	60,1	10,9	65	81	86/103	7,04	23

Tabelle I (Schluß).

Nr.	Größe m	Gewicht kg	Ge-wichts-defizit kg	Hämo-globin ge-messen %	Hämo-globin be-rechnet korr.%	Blutdruck	Index	Alter
69	1,71	60,3	10,7	65	81	102/111	7,35	24
70	1,54	43,3	10,7	80	100	70/85	6,68	22
71	1,72	61,4	10,6	67	83	86/107	7,76	22
72	1,64	53,4	10,6	60	75	89/100	7,35	20
73	1,68	57,5	10,5	70	87	89/103	7,76	21
74	1,63	52,5	10,5	65	81	100/120	6,64	19
75	1,63	52,5	10,5	70	87	100/115	7,29	34
76	1,70	59,5	10,5	75	93	108/129	8,64	22
77	1,68	57,5	10,5	75	93	108/129		32
78	1,64	55,0	9,0	70	87	89/100	7,74	22
79	1,68	59,1	8,9	75	93	103/115	7,42	24
80	1,63	54,2	8,8	70	87	75/96	7,57	24
81	1,72	63,5	8,5	60	75	50/70	6,34	33
82	1,64	55,5	8,5	73	91	81/96	7,39	19
83	1,63	54,7	8,3	74	92	70/95	5,18	26
84	1,80	71,7	8,3	70	87	81/96	7,42	21
85	1,79	70,8	8,2	80	100	111/118	8,06	30
86	1,68	60,0	8,0	75	93	108/129	8,08	20
87	1,69	61,1	7,9	78	97	93/111	7,76	28
88	1,73	65,1	7,9	68	84	90/111	7,82	
89	1,71	63,1	7,9	96	100	89/100	7,85	20
90	1,82	74,3	7,7	76	95	101/122	8,04	25
91	1,71	63,6	7,4	75	93	96/107	8,32	22
92	1,63	55,6	7,4	65	81	89/100	7,80	23
93	1,68	60,9	7,1	74	92	90/111	7,74	22
94	1,69	63,0	6,0	85	100	79/96	8,37	26
95	1,66	60,0	6,0	70	87	107/115	7,42	20
96	1,63	57,3	5,7	68	84	86/107	8,08	20
97	1,70	64,5	5,5	85	100	90/105	6,81	33
98	1,58	52,6	5,4	65	81	107/111	7,96	22
99	1,58	52,7	5,3	67	83	96/107	7,53	23
100	1,72	66,9	5,1	90	100	107/118	7,26	27
101	1,62	57,1	4,9	90	100	89/100	7,61	26
102	1,69	64,3	4,7	70	87	83/103	7,67	22
103	1,61	57,4	3,6	65	81	71/93	7,63	23
104	1,70	67,5	2,5	78	97	90/130	7,20	38
105	1,70	68,0	2,0	70	87	101/122	8,02	25
106	1,67	65,7	1,3	67	83	93/115	6,88	34
107	1,70	68,8	1,2	72	90	90/111	7,51	22
108	1,63	62,0	1,0	98	100	80/100	7,53	26
109	1,61	60,1	0,9	68	84	90/111	7,91	30
110	1,60	59,2	0,8	75	93	91/122	7,67	30
111	1,63	62,5	0,5	85	100	80/100	7,35	30
112	1,63	63,3	+0,3	65	81	93/100	6,45	23
113	1,61	63,7	+2,7	90	100	107/118	8,28	20
114	1,70	73,5	+3,5	100	100	90/110	8,04	33

Tabelle

Übersicht über Ödemkranke aus dem Winter 1917/18,
US. = Ödem am Unterschenkel. Der Grad der

Nr.	Alter	Abmag. Körpergewicht	Körperlänge	Thoraxumfang	Bauchmaß	L. jug. pub.	Hämogl. unkorr. %	Erythrocyten	Leukocyten
1	20	+++ 52	1,69	78	72	51	Anämie 78	4250000	5600
2	34	+++ 43	1,57	81	68	47	93	5750000	8050
3	32	++ 63	1,67	91	71	50	80	4280000	4350
4	30	60	1,69	83	74	54	88	4200000	5800
5	38	++ 52	1,65	81	67	50	85	5090000	4600
6	36	++ 55	1,68	83	72	50	70	5010000	5200
7	35	+ 56	1,66	90	65	51	78	5450000	5750
8	41	+ 65	1,72	84	69	47	90	3970000	6000
9	40	++ 58	1,71	85	64	54	100	5240000	3900
10	33	+ 55	1,65	81	71	53	75	6240000	4000
11	30	61	1,73	88	66	64	88	5220000	4500
12	23	+++ 52	1,58	79	69	52	65	4220000	L = 42,2%; N = 42,2%; Eos = 9% 6050
13	42	+ 60	1,67	78,5	61	52	100	4050000	7200
14	29	+ 61	1,74	89	70	49	85	4300000	4600
15	30	— 64	1,71	83	68	49	80	4550000	7700
16	36	+ 63	1,69	87	80	55	68	3770000	7500
17	38	50,5	1,59	82	68	44	75	4220000	7400
18	30	61,5	1,76	87	64	55	90	6760000	4200

II.

die in der ersten Mitteilung nicht bearbeitet sind.

Ödeme und der Abmagerung ist mit + bezeichnet.

Ödeme	Hydrothorax	Ascites	Herzgröße Puls	Durchfall	Bronchitis	Reflexe	Nervendruckpunkt	Bemerkungen
US. ++ Gesicht ± Ascites +	θ	+	3 : 7 56	+ in der Be- obachtung	θ	schwach	θ	leichte Cyanose starke Abmage- rung +
US. +	θ	θ	2 : 6,5 anfangs 36 jetzt 60	zeitweise wässerige Diarrhöen	+ grob	+	+	Retentio urinae +
US. +++ frisch	θ	θ	4 : 6,5 48 acc.II.A.T.	θ	θ	+	++	
US. ++	θ	θ	2 : 6 44	θ	θ	+	θ	Retentio urinae
Knöchel ++ US. +	θ	θ	2 : 6 48 —	Vorher 1×	θ	+	±	
Spuren	θ	θ	2 : 6½ 54	θ	θ	+	θ	
Spur	θ	θ	3 : 7 60	θ	θ	+	θ	
θ	θ	θ	2½ : 7½ 54	θ	+	+	+	
US. ++	θ	θ	2½ : 7 46	θ	+	+	+	
US. ++	θ	θ	2 : 7,5 54	θ	θ	+	±	
Spur	θ	θ	2½ : 7½ 58	θ	θ	+	+	
US. +++	θ+?	±	2½ : 8½ klein 60	Anam. Durchfall —	+	+	+ femo- ralis	Drüsentumoren axillar, Hals inguinal, medi- astinal
US. +	θ	θ	3 : 6 58	θ	θ	+	+	
Spuren	θ	θ	3 : 8½ 45	θ	+	+	θ	
+ Spur	θ	θ	2 : 7 60	θ	θ	+	+	
gering	θ	±	2½ : 7 40	θ	θ	+	θ	
θ	θ	θ	2½ : 8 44	θ	θ	+	+	
US. ++	θ	θ	2½ : 8 40	θ	θ	±	θ	

Tabelle II

Nr.	Alter	Abmag. Körpergewicht	Körperlänge	Thoraxumfang	Bauchmaß	L. jug. pub.	Hämogl. unkorr. %	Erythrocyten	Leukocyten
19	31	55	1,64	81	65	50	75	4470000	4900
20	20	55	1,70	85	71	53	88	5980000	7050
21	30	63	1,72	88	72	51	72	4310000	4650
22	25	58	1,71	87	74	54	85	3950000	8000
23	29	59	1,65	91	64	47	65	3640000	9500
24	28	48,5	1,66	78	55	46	86	4360000	8400
25	26	57,5	1,63	86	69	50	60	4000000	4000
26	22	53	1,59	83	70	46	74	5710000	6300
27	30	45,5	1,63	76	60	49	76	3540000	7300
28	22	+++ 43	1,60	78	61	48	58	5670000	6900
29	28	60	1,80	84	83	91	57	4850000	4800
30	35	72,5	1,85	87	76	53	75	3910000	10300

(Fortsetzung).

Ödeme	Hydro-thorax	Ascites	Herzgröße Puls	Durchfall	Bron-chitis	Re-flexe	Nerven-druckpunkt	Bemerkungen
US. +	θ	θ	$1^1/_2 : 7$ 48	θ	θ	+	+	
Spur	θ	θ	2 : 7 42	θ	±	+	+	
Spur	θ	θ	2 : 8,5 48	θ	±	+	θ	
θ	θ	θ	2 : 8 44	θ	θ	+	θ	
Spur	θ	θ	2 : 8,3 54	θ	θ	+	θ	Seit 3 Wochen Harndrang, Schmerzen beim Urinieren
θ	θ	θ	1,6 : 8 58	θ	±	+	θ	Schmerzen in den Gelenken
Spur	θ	θ	2,2 : 8,5 70	θ	θ	+	± R.	
θ abgelaufen	θ	θ	1,4 : 8,5 48 prov.	θ	±	+	θ	Schmerzen in den Gelenken
θ	θ	θ	1,5 : 7,9 58		θ	+	θ	Lungenspitzen-katarrh?
++	θ	±	2,2 : 6,8 70	++	θ	+	θ	Äußerst debil.
θ	θ	θ	2,3 : 7,2 72	θ	θ	+	θ	Kauk. Fieber. Milztumor
+++ bis Oberschenkel	θ	θ	1,5 : 7,8 48	θ	θ	+	+	

Zur Pathologie und Therapie des menschlichen Ödems.
Zugleich ein Beitrag zur Lehre von der Schilddrüsenfunktion. Eine klinisch-experimentelle Studie aus der Ersten Medizinischen Klinik und dem Pharmakologischen Institut in Wien von Dr. **Hans Eppinger,** a. o. Professor, Assistent der Ersten Medizinischen Klinik der Universität Wien. Mit 37 Textabbildungen. 1917. Preis M. 9.—

Die doppelseitigen hämatogenen Nierenerkrankungen
(Brightsche Krankheit). Von Dr. **F. Volhard,** Direktor der Städtischen Krankenanstalten in Mannheim. Mit 24 zum größeren Teil farbigen Textabbildungen und 8 lithographischen Tafeln. 1918. Preis M. 36.—

Lehrbuch der Differentialdiagnose innerer Krankheiten.
Von Professor Dr. **M. Matthes,** Geheimem Medizinalrat, Direktor der medizinischen Universitäts-Klinik in Königsberg i. Pr. Mit 88 Textabbildungen. 1919. Preis M. 25.—; gebunden M. 28.40

Morbus Basedowi und die Hyperthyreosen. Von Dr. **F. Chvostek,**
Professor der inneren Medizin an der Universität Wien. 1917.
Preis M. 20.—; gebunden M. 25.80

Die Erkrankungen der Blutdrüsen. Von Professor Dr. **W. Falta,**
Wien. Mit 103 Textabbildungen. 1913. Gebunden Preis M. 24.50

Physiologie und Pathologie der Leber. Nach ihrem heutigen
Stande. Mit einem Anhang über das Urobilin. Von Professor Dr. **F. Fischler.** Mit 9 Abbildungen im Text und auf einer Tafel. 1916. Preis M. 9.—

Die konstitutionelle Disposition zu inneren Krankheiten.
Von Dr. **Julius Bauer,** Wien. Mit 59 Textabbildungen. 1917.
Preis M. 24.—; gebunden M. 26.40

Die biologischen Grundlagen der sekundären Geschlechts-charaktere.
Von Dr. **Julius Tandler,** o. ö. Professor der Anatomie an der Wiener Universität und Dr. **Siegfried Grosz,** Privatdozent für Dermatologie und Syphilidologie an der Wiener Universität. Mit 23 Textabbildungen. 1913. Preis M. 8.—; gebunden M. 8.80

Hierzu Teuerungszuschläge

Druckfehlerberichtigung.

In den Tabellen Nr. 15 bis 45 ist an Stelle von Bilanz **Differenz** einzusetzen.